Gerfried Zeichen
Karl Fürst

Automatisierte Industrieprozesse

Springer-Verlag Wien GmbH

Univ.-Prof. DI Dr. Gerfried Zeichen
Univ.-Ass. DI Dr. Karl Fürst
Institut für flexible Automation, Technische Universität Wien, Österreich

© 2000 Springer-Verlag Wien
Ursprünglich erschienen bei Springer-Verlag Wien New York 2000

Satz: Reproduktionsfähige Vorlage der Autoren

Gedruckt auf säurefreiem, chlorfrei gebleichtem Papier – TCF
SPIN: 10781991

Mit zahlreichen Tabellen und Abbildungen

Die Deutsche Bibliothek – CIP-Einheitsaufnahme
Ein Titelsatz für diese Publikation ist bei
Der Deutschen Bibliothek erhältlich

ISBN 978-3-211-83560-9   ISBN 978-3-7091-6348-1 (eBook)
DOI 10.1007/978-3-7091-6348-1

Vorwort

Hermann Simon und Tom Cannon haben mit Ihren Büchern: „Hidden Champions" bzw. „Welcome to the Revolution" in vorbildlicher Weise erfolgreiche Führungsprinzipien der Industrie aus der Sicht der Unternehmensstrategien und Managementmethoden publiziert und mit beweisenden Beispielen aus der Praxis untermauert. Ihre branchenübergreifenden Ausführungen haben uns angeregt, auch für die planenden und operativen Industrieprozesse die vernetzten Zusammenhänge zu untersuchen und allgemein gültige Thesen zu entwickeln.

In unseren Vorlesungen über Flexible Automation, Prozessleittechnik und Qualitätssicherung an der Fakultät Elektrotechnik und Informationstechnik der TU-Wien sowie in vielen Diplom- und Dissertationsprojekten mit der Industrie arbeiten wir seit Jahren an der Umsetzung und Beherrschbarkeit technologischer und wettbewerbsbestimmter Neuerungen und der damit unvermeidbaren Defizite in industriellen Prozessen.

Im vorliegenden Buch fassen wir mehrere unserer Erkenntnisse zusammen und verfolgen dabei im Prinzip zwei neue Ansätze: Zum ersten sind es Analogien zwischen den klar definierbaren technischen Prozessparametern wie Geometrie, Druck, Temperatur, Produktivität etc. einerseits und schwer quantifizierbaren Prozesseigenschaften wie z.B. Design, Flexibilität, Kundennutzen, Belastbarkeit etc. andererseits.

Wir haben festgestellt, dass diese schwer quantifizierbaren Prozessparameter sehr großen Einfluss auf den industriellen Erfolg haben und zeigen hier erstmals die Möglichkeit auf, diese Parameter mit Analogien aus der exakten Sensorik und Aktorik beherrschbar zu machen. (siehe Kapitel 4.5 und Kapitel 5.6)

Zum zweiten beschäftigen wir uns in unserem Buch mit dem konsequenten Einsatz der Informationstechnik zur Vernetzung der rein technischen Funktionen mit den wirtschaftlichen und sozialen Notwendigkeiten des industriellen Unternehmens. Für diesen Ansatz zeigen wir im Kapitel 6 die große infromationstechnische Verantwortung der technischen Produktplanung und beschreiben im Kapitel 7 einige diesbezügliche, in Entwicklung befindliche, „Decision Support Tools".

Wir widmen die Dokumentation in erster Linie unseren derzeitigen und ehemaligen Studenten, insbesondere den Hörern der Vorlesung „Flexible Automation" und „Prozessleittechnik". Sie mögen an Hand dieses Buches die vernetzten Zusammenhänge im industriellen Teamwork verstehen und wiederholen können.

Wir widmen dieses Buch aber auch der österreichischen Industriellenvereinigung (siehe Seite 207) und jenen Industrien, die die Institutsarbeit an der Fakultät für Elektrotechnik durch vertrauensvolle Zusammenarbeit bei Forschungsprojekten unterstützt haben, besonders FESTO, Deutschland und Österreich und ROCKWELL AUTOMATION, USA. Sie sind Vorbilder für die multidisziplinäre Zusammenarbeit.

Zur Verbesserung des Verständnisses werden Schema, Bilder und einige Fotos von Beispielen angeboten, die in abstrahierter Form das allgemein Gültige betonen. Diese Darstellungen wurden von unseren Kollegen Thomas Berndorfer, Stefan Chroust und Gerhard Schuchnigg gezeichnet. Für das wichtige Kapitel 3.5 Modellierung und Simulation hat Dr. Markus Vorderwinkler von unserer befreundeten Forschungsgesellschaft PROFACTOR in Steyr, Oberösterreich (siehe Seite 209) , essentielle Beiträge beigesteuert. Die Assistenten der Gruppe IKON (Intelligente Konstruktion, siehe Seite 208) haben wertvolle Beiträge zu den Kapiteln 6 und 7 geliefert.

Zusammenhänge zu gestalten, sollte nicht nur der technokratischen Verantwortung wegen interessant sein. Es sollte auch Freude machen, wenn technisches und humanistisches Arbeitswissen gemeinsam an der Lösung gesellschaftlicher Herausforderungen arbeiten. In diesem Sinne soll das Buch, geschrieben von zwei Ingenieuren, auch ein Angebot an Organisations-, Wirtschafts- und Sozialwissenschafter in der Industrie und für die Industrie sein.

Wien, im Juli 2000

Gerfried Zeichen, Karl Fürst

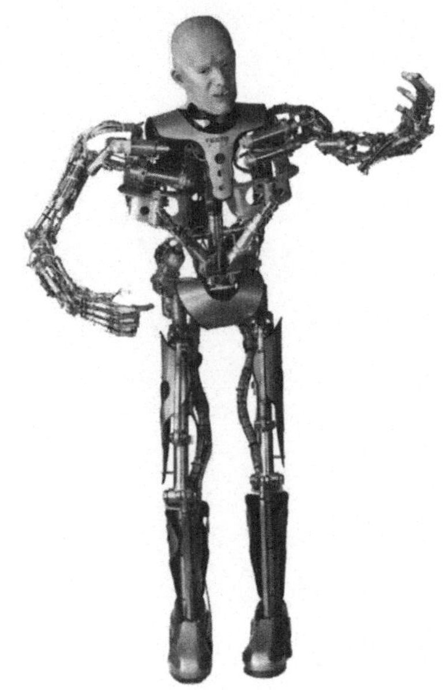

Die Industrie braucht kluge Köpfe und zuverlässige Aktoren ...

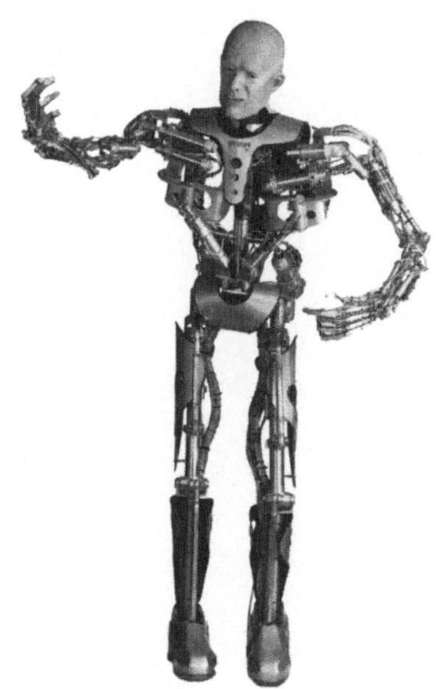

... und beherrschbare Prozesse!

Inhaltsverzeichnis

Abbildungsverzeichnis

Tabellenverzeichnis

Kapitel 1

Ziele des Buches

Es gilt als gesicherte Erkenntnis, dass industrielle Arbeiten gewissen Ordnungsprinzipien folgen müssen. Ein der Natur nachempfundenes Arbeitsprinzip heißt beispielsweise Prozessorientierung. Das ist die logische Ablauffolge von evolutionären Schritten. Ein zweites Prinzip heißt Erfindung/Intuition und entspringt der schöpferischen Kraft des menschlichen Geistes.

Wir verfolgen in diesem Buch die gegenseitige Unterstützung und Ergänzung dieser beiden Prinzipien, bei der Findung neuer Produkte oder neuer Herstellungsverfahren und neuer Dienstleistungen. Dieses Buch soll dazu dem Leser mehrere wichtige Thesen für die Analyse und Synthese von industriellen Methoden bieten. Dabei war die Selektion von „Wichtigem" besonders schwierig und riskant. Der Verzicht auf Vollständigkeit lässt aber die Hoffnung zu, dass dieses Buch beim Lesen mehr Spaß durch Kürze als ermüdende Anstrengung durch lexikalische Katalogisierung bietet. Auch soll es dem Studierenden, der sich in den ersten Semestern mit breitem Grundlagenwissen beschäftigt hat, die Anwendung seines Wissens beim praktischen Arbeiten in der Industrie vor Augen führen.

Die Intention dieses Buches besteht aber auch darin, dass schöpferische Ingenieure in der Industrie sich dem ganzheitlichen methodischen Vorgehen stellen. Diese ganzheitliche Vorgehensweise ist die konsequente Abfolge von:

Erkennen und Erfassen (Kapitel 4)
  Agieren und Handeln (Kapitel 5) und
    Informieren und Entscheiden (Kapitel 6/Kapitel 7)

Dem nichttechnischen Leser wird dieses mechanistische, technokratische Vorgehen vielleicht missfallen. Vielleicht wird er sich aber an der Entzauberung mancher bisher sehr intransparenter Managementmethoden erfreuen. Jedenfalls soll die Vernetzung zwischen exakten Ingenieursdisziplinen und weichen Humanqualifikationen zu einem methodischen Fortschritt in der industriellen Arbeitswelt beitragen. Die bisherigen Rückmeldungen unserer ehemaligen Diplomanden und Dissertanten aus ihren industriellen Tätigkeiten ermutigten uns, dieses Buch herauszubringen. Da wir in erster Linie Ingenieurstudenten und Ingenieure ansprechen, beschreiben wir im Kapitel 2 unter dem Titel „Engineering" vier typische Paradigmen mit denen die Stakeholder der Industrie zu einer innovativen Einbindung angeregt werden können. Im Kapitel 3 wird die Komplexität der Industrieprozesse definiert und modelliert.

Diese Beherrschung der Komplexität ist eine große Herausforderung für die derzeitige Ingenieurswissenschaft. Am Beginn des 21. Jahrhunderts sind die in der Industrie zu beachtenden technischen, humanen und administrativen Rahmenbedingungen besonders umfangreich geworden. Statt dem bloßen, bisher ausreichenden, Bedienen des Käufermarktes geht es nun um die gemeinsame Lösung laufend neuer, komplexer Problemstellungen innerhalb des Betriebes und bei Kunden und Lieferanten. Industriell-gewerbliche Prozesse benötigen dazu immer mehr die enge Zusammenarbeit unterschiedlicher Wissensdisziplinen und eine systematische Vorgehensweise zur Erzielung der notwendigen Qualität.

Dabei erhält das Zusammenführen der bisher meist getrennt behandelten technischen Prozesse mit den Organisations- und Vertriebsprozessen mit koordinierender Informationstechnik besondere Bedeutung. Die automatisierte Gestaltung der industriellen Prozesse von der Produktidee über die Entwicklung, Herstellung, Vertrieb bis zum Einsatz beim Kunden und sogar bis zum Recycling mit ablauforientiertem und methodisch regelbarem Vorgehen wird zum Erfolgskriterium in der Industrie.

Die bisherigen Erfolgskriterien des industriellen Arbeitens wie Produktidee, Produktarbeit und Wirtschaftlichkeit des Angebotes werden erweitert um Time to Market und Shareholder Value sowie dem ganzheitlichen Stakeholder Value. Dementsprechend benötigen Industrieprozesse die Fähigkeiten: Reaktion auf Herausforderung als realtime feed back, Optimierung von Zielkonflikten mit definierten Prioritäten, Harmony als Akzeptanz und vor allem Integration. Der Nobelpreisträger Arno

Penzias hat 1995 in seinem Buch „Harmony Business, Technology and Life after Paperwork", die Integration als neues Paradigma der industriellen Erfolgsarbeit postuliert. Es geht dabei immer um Ganzheitlichkeit. Das Holistic Engineering ist deshalb auch ein Ziel dieses Buches.

Das Arbeiten in der Industrie sollte zwar trotz hoher Komplexität von Vernetzung, Teamarbeit und Zielorientierung geprägt sein. Aber es sind sehr viele unwägbare Faktoren beteiligt. Ein Grundgedanke unseres Buches ist es, diese unwägbaren Faktoren etwas transparenter zu machen. Wir versuchen dies durch Analogien zu den messbaren Funktionen der operativen Betriebsprozesse dem Messen, Steuern und Regeln einerseits und durch verstärkte Angebote der informationstechnischen Führungs- und Kreativwerkzeuge andererseits. Wir sind zu der Überzeugung gekommen, dass die großen Fortschritte in der industriellen Automation diese Überlegungen rechtfertigen.

Den Studierenden aber auch den Praktikern werden mehrere Thesen für methodisches Vorgehen vorgestellt, um die kreative Arbeit in der Industrie mit dem Wissen über Zusammenhänge zu unterstützen. Um uns auf das Wesentliche zu konzentrieren, haben wir Formulierungen anhand essentieller Thesen gewählt. Die meisten Thesen sind auf ingenieursmäßiges Vorgehen mit Erkennen, Erfassen, Agieren und Bewerten aufgebaut. Deshalb werden auch alle Analogien zum Messen, Datenverarbeiten und Steuern genutzt. Der technische Teil der Industrieprozesse ist meistens schon gut beherrschbar. Es sollte gelingen, auch die nicht-technischen Prozesse wägbarer und damit qualitätsvoller zu gestalten. Außerdem zeigen wir die Schnittstellen der technischen und informationstechnischen Tätigkeit in der Industrie zum Markt zum Kunden bzw. zu Lieferantenproblemen und zur wirtschaftlichen Amortisation von Investitionen auf.

Den Begriff Prozess verwenden wir nicht nur für kontinuierliche Prozesse, wie das historisch in der chemischen Industrie üblich ist, sondern auch für diskrete Prozesse der Stück- oder Stückgutfertigung, ja sogar der Entwicklungs- und Logistikarbeit. Die zukunftsorientierten Arbeiten in der Firma Bayer AG im Jahre 1980, von Lauber und Göhner im Jahre 1988 und von Fritz Polke im Jahre 1992, lassen es unserer Meinung nach zu, den Begriff Prozess im weitesten Sinn als rational ablaufendes Gestalten jeder industriell-gewerblichen Tätigkeit zu verwenden. Das Ziel industrieller Tätigkeiten ist ja immer die Erzeugung ihrer Produkte oder Dienstleistungen ohne Zeitverzögerung zu ermöglichen, was durch konsequente Prozessorientierung erreichbar wird.

Wegen der Größe des Betrachtungsumfanges verfolgt das Buch eine sehr starke Konzentration auf das eindeutig Wesentliche. Wir abstrahieren viele Detailprozesse bzw. Detailfunktionen auf übergeordnete Metaebenen. Industrie kann aber nicht von „oben herab" betrieben werden. Es ist eine wechselseitige Regelung von oben nach unten und vom Detail zum Ganzen. Die Konzentration ist uns sehr schwer gefallen, weil damit eine gefährliche Selektion verbunden ist. Trotzdem haben wir den Versuch gewagt. Unsere Idee, das Buch in Form von Thesen für Analyse und Synthese von industriellen Prozessen zu schreiben, erlaubt dem Leser selbst eine Ausdehnung auf andere Problemstellungen vorzunehmen.

Wagemutig ist auch die Idee, die Industrieprozesse mit technischen, informationstechnischen, betriebswirtschaftlichen, strategischen und humanistischen Kriterien im Sinne eines holistischen Ansatzes zu betrachten. Das soll aber nicht heißen, dass dieses Buch ein technokratisches Werk ist, im Gegenteil, wir wissen, dass rationale und emotionale Welten zusammenzuführen sind.

Besonderer didaktischer Wert wird auf das methodische Vorgehen bei Analyse und Synthese von komplexen Industrieprozessen und die Gegenüberstellung zum bisherigen Taylorismus gelegt. Die Arbeitsteilung des F.W. Taylor war und ist z.T. noch heute die Basis der kostengünstigen Produkterzeugung. Aber sie führt auch oft zu Reibungsflächen und verhindert den Blick auf das Ganze.

Die Thesensammlung des Buches basiert auf institutseigenen Studien des Verhaltens und der Kultur von größeren und kleineren Unternehmungen, und aus direkten Projektarbeiten mit namhaften Betrieben sowie der Ergebnisanalyse mehrerer Managementideen. Da naturgemäß nicht alles eindeutig nachvollzogen werden kann, zeigt das Buch teilweise idealisierte Thesen (im positiven Fall), teilweise skeptische Thesen (bei Überbewertung der negativen Möglichkeiten) auf. Viele Thesen stammen auch aus der langjährigen Tätigkeit von G. Zeichen in der Industrie und Verifizierung dieser Erfahrungen aus der wissenschaftlichen Distanz des Allgemeingültigen.

Kapitel 2

Methodische Engineeringprozesse

Bill Gates berichtet in seinem Buch „Business @ the speed of thought", dass er im Oktober 1998 bei einer Internetsuche für das Wort „Reengineering" 189.940 Dokumente gefunden hat.

Der ursprünglich nur für technische Arbeiten vorgesehene Begriff Engineering hat inzwischen eine umfangreiche Bedeutung für kreatives Gestalten auch nichttechnischer Prozesse bekommen. Er bestätigt damit eine schon länger bekannte Entwicklung, wonach es beachtenswerte Analogien mit der Architektur von Organisationen gibt. Der Ingenieur wird zum Architekten eines universellen Gebäudes für die Anwendung von Natur-, Wirtschafts- und Sozialwissenschaften. Als Universitäts-Ingenieure übernehmen wir diese Herausforderung gerne, obwohl wir bedenken müssen, dass die sogenannten exakten Technikfakten doch anders behandelt werden als die weichen Fakten der emotionalen Kommunikation und Informationsaufnahme. Schon 1961 erkannte Jay Forrester die Notwendigkeit einer systematischen Vorgehensweise in Managemententscheidungen. Er beschreibt den Umfang von Managementscheidungen: „as moving from automated production schedules to automated expert systems and judgments by creative managers".

Wir wollen in unserer Dokumentation „Engineering" für das ingenieurmäßige Betrachten und Lösen von Aufgaben der Gesellschaft mit dem Ziel der wirtschaftlichen und human-verträglichen Herstellung von Sachgütern und Dienstleistungen in Gewerbe- und Industriebetrieben verwenden. Eine Internetsuche im Juni 2000 für das Wort „Engineering" ergab 11.985.271 Dokumente und bewies den Einsatz von Ingenieurmethoden auch in vielen nichttechnischen Aufgaben.

Wenn die Ingenieurarbeit nun eine breitere Querschnittstechnologie geworden ist, dann wollen wir in diesem Buch eine Gliederung des Engineerings in der Industrie in 4 große Gruppen vornehmen. Es sind dies:

- Total quality engineering

- Customer focused engineering

- Flexible engineering und

- Holistic engineering

Wir werden sehen, dass diese 4 Gruppen auch jene Möglichkeiten sind, mit denen das „Business Reengineering" von Michael Hammer und James Champy umgesetzt werden kann.

Nach der revolutionierenden Einführung der Mikroelektronik in die klassischen technischen operativen Funktionen der Industrie, wie umformen, destillieren und zerspanen, aggregieren, montieren etc. hat auch in den industriellen Makroprozessen ein totaler Technologiewandel eingesetzt. Die mit CA-X-und ERP/PPS-Techniken automatisierten Engineeringarbeiten, haben die neueste Generation der Industriewissenschaften befruchtet. Da es eine Menge von Analogien zwischen Mikroprozessen (auf den Feldebenen) und Makroprozessen (auf Engineering- und Unternehmensebenen) gibt, ist es reizvoll und notwendig, industrielle Summen-Prozesse als regelbare fortschreitende Teilprozesse vom Detail zum Ganzen und vice versa zu gestalten.

Notwendig schon allein deswegen, weil die Computerunterstützung eines Teilprozesses, z.B. der Produktentwicklung zwar die Schöpfungsarbeit des Produktdesigners verbessert, aber deswegen noch lange nicht ein wettbewerbsfähiges Produkt mit geeigneten Kosten und Qualitäten entstehen lässt.

Reizvoll deswegen, weil sich bei mehreren wissenschaftlichen Analysen des derzeitigen industriellen Geschehens herausgestellt hat, dass informationstechnische Algorithmen sogar von sehr unterschiedlichen Teilfunktionen mehrere Ähnlichkeiten aufweisen, die man für allgemein gültige Innovationsarbeiten nutzen sollte." Nutzen um:

- die Schöpfungsarbeit des Produktentwicklers von der Produktidee bis zur Realisierung ablauforientiert zu führen („Holistic Engineering")

- die klassischen Zielkonflikte zwischen Ingenieurwissenschaften (Funktion und Qualität ist oberstes Ziel) und den Wirtschaftswissenschaften (Ökonomie ist alles) transparenter zu überblicken.

- die kundenspezifische Individualisierung von Produkten und Dienstleistungen auf unterschiedlichen Märkten zu ermöglichen.

- den gigantischen Bedarf an Innovationen bei Sachgütern und Dienstleistungen kostengünstiger und schneller zu befriedigen.

- viele Doppelarbeiten, falsche Interpretationen und Defizite in der Standardisierung von technischen Kenngrößen zu verringern.

- die Informationstechnik zur synergetischen Bündelung von Human-Ressourcen und zur Globalisierung der industriellen Arbeitswelt konsequent einzusetzen.

- einen gesunden Mix in der gesamten Arbeitswelt zwischen industriellen Prozessen für höhere Stückzahlen und gewerblichen Leistungen für individuelle Maßproduktion zu erreichen, und

- die Arbeitswelt generell zu beherrschbaren, interessanten und humanen Tätigkeiten weiterzuentwickeln, statt laufend über die „Arbeitsplage" zu lamentieren.

Diese Nutzenziele sind natürlich ehrgeizig. Sie sind prinzipiell auch nicht so neu, denn schon der Erfinder des „Gedankens" eines Roboters, Karel Capek, hat in seinem Roman „Rossums Robota" aus dem Jahre 1923 davon geträumt, dass alle schweren landwirtschaftlichen Arbeiten automatisiert ablaufen sollten. Es hat 35 Jahre gedauert bis J. Engelberger in den USA den ersten Betrieb für Industrieroboter aufgebaut hatte.

Von der Idee des holistischen Engineering, die zum ersten Mal 1993 ausgesprochen wurde, bis zur Realisierung wird es hoffentlich nicht mehr so lange dauern. Zwei große Entwicklungen der Automatisierung durch Siemens und Rockwell Automation propagierten schon im Jahre 1999 die „Totally integrated automation" bzw. die „Complete automation".

Beide Hersteller müssen allerdings zugeben, dass bis zur vollständigen Erfüllung dieser Ansprüche noch viel zu tun ist.

Das ist auch eine Motivation für dieses neue *Thesenbuch.*

These 1 *Mit Holistic Engineering kann der Erfinder oder Entwickler eines neuen Produktes die der Produktentwicklung nachfolgenden Teilprozesse für die Herstellung und Vermarktung überschaubar und effizient mitgestalten und verantworten.*

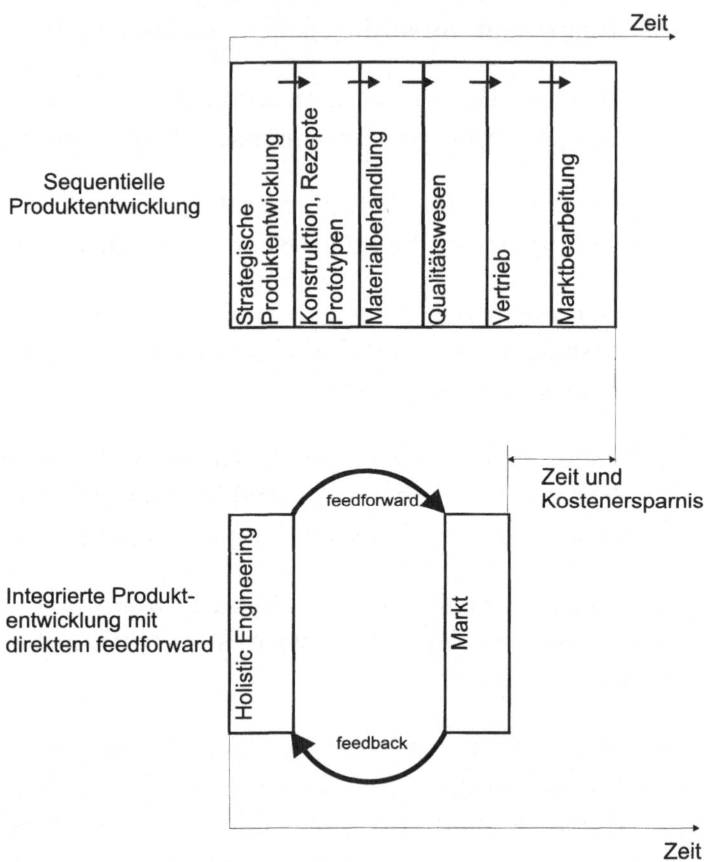

Bild 2.1: Sequentielle versus Integrierte Produkt- und Prozessentwicklung

Im oberen Teil von Bild 2.1 sind die wichtigsten Teilprozesse des typischen Industriebetriebes und deren sequentieller Ablauf gezeigt. Darunter ist eine - mehrere Teilprozesse integrierende und parallel ablaufende

- „holistische" Produktentwicklung dargestellt, mit der Zeit- und Kostenersparnisse lukriert werden können.

Die Arbeitsteilung der industriellen Produktion zur Herstellung von Produkten, definiert durch Produkt, Funktion, Menge, Qualität, Kosten, Liefertermin und Kundenservice führt immer wieder zu Zielkonflikten. Die Realisierung von Holistic Engineering erfolgt dagegen in einem Regelkreis, der dem Produktentwickler einerseits die Verantwortung überträgt, die nachfolgenden Herstellungsfunktionen gründlich mit zu betrachten, und andererseits die Möglichkeit einer direkten Rückmeldung über die Akzeptanz seiner Entwicklung - als feed back - zur Verfügung stellt. Anders ausgedrückt: „Quid quid agis prudenta agas et respice fine".

Die These 1 kann derzeit mit folgenden vier Paradigmen realisiert werden:

Option 1: Total Quality Engineering (Bild 2.2)

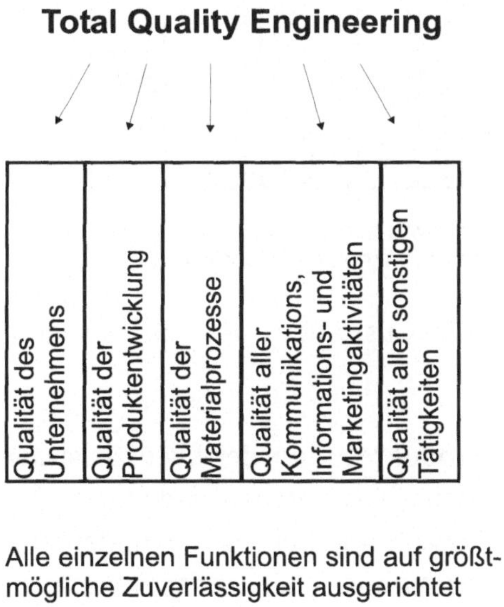

Total Quality Engineering

Alle einzelnen Funktionen sind auf größtmögliche Zuverlässigkeit ausgerichtet

Bild 2.2: Total Quality Engineering

Jeder Teilprozess des Betriebes erfüllt definierte und dokumentierte Qualitätsforderungen. Qualität hat Vorrang vor allem gegenüber Kosten.

Diese Option wird besonders bei jenen Industrien und Gewerbebetrieben gewählt, die qualitätszuverlässige Zulieferungen an größere Endprodukthersteller tätigen. Beispiele dafür sind z.B. die Mikroprozessoren, die Automobiltechnik, der Flugzeugbau oder die Nahrungsmittelindustrie. Endprodukthersteller müssen eine 100%ige Zulieferqualität verlangen, um Folgeschäden für ihre Endprodukte auszuschließen. Für diese Option wurde sogar die internationale ISO Norm 9000 und der Begriff TQM, Total Quality Management entwickelt.

Option 2: Customer Focused Engineering (Bild 2.3)

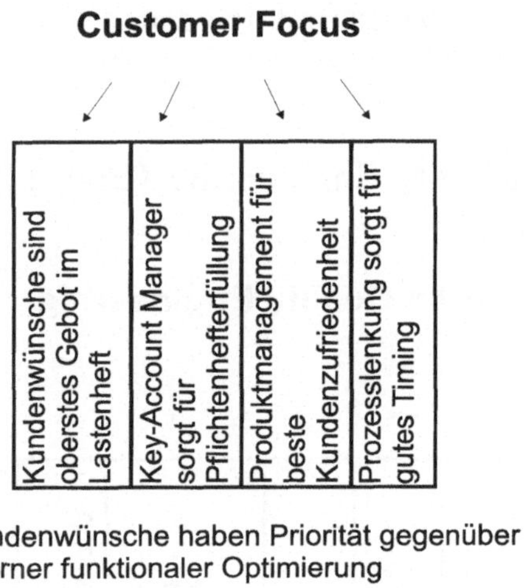

Customer Focus

Bild 2.3: Customer Focused Engineering

Das Design des Produktes oder der Dienstleistung verfolgt in erster Linie die Priorität absoluter Kundenzufriedenheit. Z.B. erfüllt das Produkt die spezifische Anwendung bei einem Kunden anstatt die Forderung nach einer Standardlösung oder universeller Kompatibilität. Hermann Simon hat in seinem Buch „The Hidden Champions" diese Option als das Erfolgsmodell vieler sogenannter „unbekannter" Weltmarktführer analysiert. Unbekannt heißt in dem Fall relativ zu den ganz großen Industriemarken der Konsumgüterindustrie. Simon klassifiziert Firmen wie ABB, FESTO, WÜRTH, Grohmann, Haribo als extrem kundenorientiert. Das heißt natürlich nicht, dass nicht auch viele andere Industriebetriebe auf

Kunden angewiesen sind, aber nach der Analyse Simon's gibt es hier deutliche Leistungsunterschiede.

Option 3: Flexible Engineering (Bild 2.4)

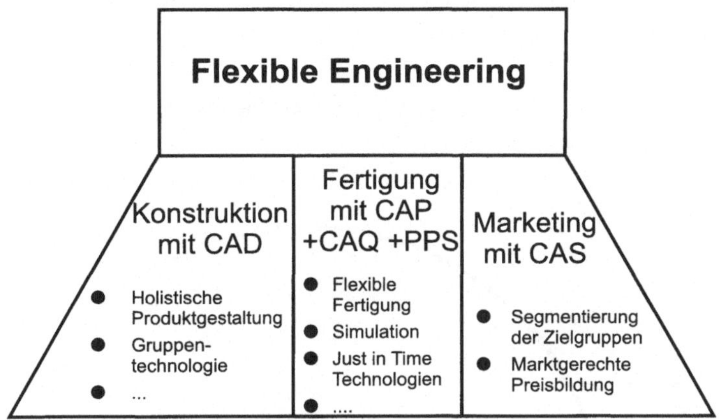

Bild 2.4: Flexible Engineering

Das flexible Unternehmen ist in der Lage, sich auf unterschiedliche Marktwünsche oder Veränderungen schnell mit geeigneten Methoden einzustellen, selbst wenn diese Methoden höheren Investitionsaufwand erfordern. Bei Vorliegen unsicherer Prognosen über Markt und Wettbewerb kann man durch hohe installierte Flexibilität jedenfalls Marktanteil gewinnen.

These 2 *Bei unsicheren Marktverhältnissen ist der Einsatz der relativ teuren, dafür rasch umsetzbaren Entwicklungs- und Herstellungswerkzeuge der Flexiblen Automation vorzusehen.*

Flexible Automation heißt konsequenter Einsatz aller CAX Techniken, automatische decision support tools und natürlich hochflexible gesteuerte Fertigungs- und Montageverfahren. Diese Option wählen inzwischen sogar große Hersteller mit starker Marktpräsenz. Aber auch jene Firmen, die in neue Märkte eintreten wollen und eine gewisse Breite eines Produktprogramms besitzen. Hermann Simon führt hier als typische „Sieger" die Firmen Fischertechnik und Heidenhain-Meßsysteme dar, die mit Diversifikation und Flexibilität starke Marktgewinne erreicht haben.

Option 4 : Holistic Engineering (Bild 2.5)

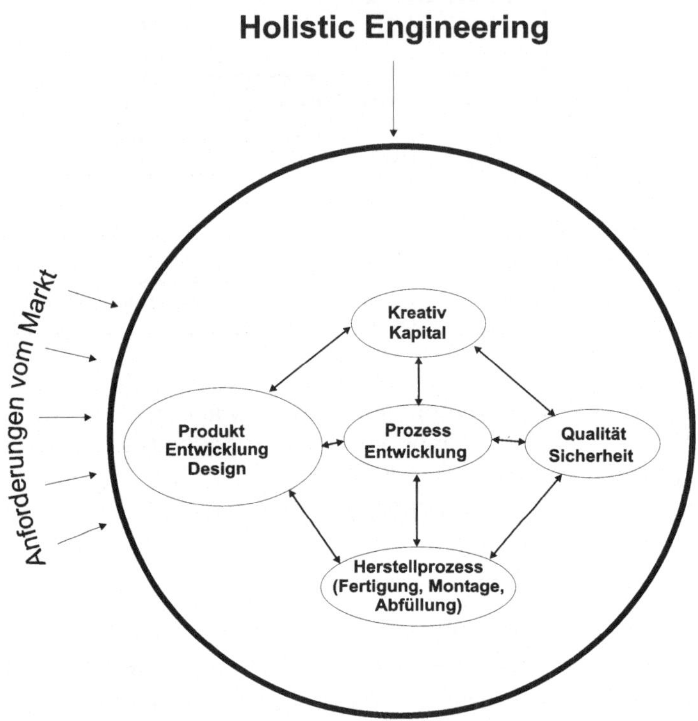

Bild 2.5: „Holistic Engineering" als ganzheitliches Zusammenwirken mehrerer Spezialdisziplinen der Ingenieur- und Wirtschaftswissenschaften

Diese Option ist die Grundlage jeder auf Differenzierung zum Wettbewerb ausgelegten Unternehmensstrategie. Man geht davon aus, dass wichtige Teilfunktionen nicht von Zulieferern, die auch den Wettbewerb beliefern, gekauft, sondern betriebsintern entwickelt werden. Es ist ein Weg das eigene Know-how zu schützen und Schnittstellen zwischen zugekauften Teilprozessen zu vermeiden. Sehr erfolgreiche Champions mit diesen Optionen sind Nokia, Finnland, die Steyr Fahrzeugtechnik, Österreich und die Heidelberger Druckmaschinen, Deutschland.

Der allgemein gültige Erfolg dieser Differenzierung führt zu These 3

These 3 *Industriebetriebe können große Markterfolge erzielen, wenn sie sich mit ihrem Angebot gegenüber dem Wettbewerb entsprechend differenzieren.*

Solche Differenzierungen können der Neuheitsgrad des Produktes oder die niedrigsten Preise im Wettbewerb oder ein starkes Kundenservice etc. sein. Dem gewählten Kriterium wird der höchste Nutzwert im gesamten Unternehmensprozess eingeräumt. Dafür werden andere Teilprozesse entsprechend entlastet, um die Gesamtkosten eines Produktes nicht zu hoch werden zu lassen.

Gemäß Bild 2.5 gibt es dazu mehrere Möglichkeiten. Ordnet man jedem (elliptisch gezeichneten) Teilprozess einen Nutzwert z.B. NW_{Design} oder $NW_{Fertigung}$ zu, so kann ein Gesamtnutzwert durch verschiedene Kombinationen dergestalt erreicht werden, dass bewusst in Kauf genommene Schwächen in einem Teilprozess durch Stärken in einem anderen kompensiert werden.

These 4 *Von den drei wichtigsten Erfolgsfaktoren jedes Unternehmens: Richtiges* **Produkt** *und richtiger* **Preis** *und richtiger* **Termin** *erhält heute die Realisierung der kürzesten* Time to Market, *also der richtige Termin eine deutliche Priorität, in vielen Fällen sogar vor dem richtigen Preis.*

Dies deshalb, da im weltoffenen Markt der Spielraum für tragende Alleinstellungsmerkmale in den Produkten immer kleiner und die Produktlebenszyklen drastisch kürzer werden. Die Schnelligkeit der Ideenumsetzung am Markt wird daher überlebenswichtiger als Alleinstellungsmerkmale im Produkt.

Was sind Realisierungsmöglichkeiten für diese These 4? Wir gliedern sie in betriebsinterne und betriebsexterne. Bei den betriebsinternen heißt die Lösung in erster Linie „genügend frei verfügbare Kapazitäten"und Wissensmanagement. Das bedeutet zwar einen Mehraufwand bei Investitionen und Kreativkapital, wird aber zum entscheidenden Erfolgsfaktor in jenen Fällen, in denen es auf schnelle Nutzung plötzlich aufgetretener Chancen ankommt. Solche Chancen werden sich aber immer häufiger ergeben, da die Märkte ihre Bedürfnisse nicht gleichmäßig, sondern eher eruptiv und chaotisch zeigen. Vielfach wird dagegen gehalten, dass dies den Aufbau von Überkapazitäten bedeutet und daher Unterauslastung nach Rückgang des Marktwachstums verursachen kann. Hier hilft holistisches Engineering in mehrfacher Hinsicht. Zum einen gibt es Partnerschaften mit Synergien. Dabei kann der Spitzenbedarf über virtuelle Arbeitsgemeinschaften abgedeckt werden. Zum anderen gibt es vertikale Integration, d.h. Ergänzung einer Teilfunktion Entwicklung durch eine unterausgelastete andere Funktion.

These 5 *Die besten Chancen für eine verlässliche Terminplanung ist das Vorhandensein einer exakten Betriebsdatenrückkoppelung. Allfällige innerbetriebliche Vorbehalte gegen gute Zeiterfassungen können lebensgefährlich für den gesamten Betrieb werden.*

Seit Orwells' Roman „Big brother is watching you" existieren in der Industrie häufig mentale Vorbehalte gegen Zeit- und Kapazitätsaufzeichnungen. Dadurch wird eine durchgängige Terminierung der Auftragsabwicklung und der Durchlaufzeiten verhindert. Der Betrieb ist jedenfalls langsamer und daher stark im Wettbewerb gefährdet. Die Realisierung der These 5 ist heute kein technisches Problem mehr. Es ist eher eine Frage der Unternehmenskultur, der Frage, mit welcher persönlicher Einstellung werden Termine, Kosten und Qualitäten geplant und eingehalten.

These 6 *Eine gute Unternehmenskultur kostet viel Aufwand, Vorbild und Opferbereitschaft, gibt aber andererseits jenes Vertrauen für ein schöpferisches Team, das dieses unter schwierigen Wettbewerbsbedingungen auch zu Sonderleistungen befähigt. Die Opferbereitschaft, also der Verzicht auf momentane eigene Vorteile zugunsten des Gemeinsamen, gehört zum wichtigsten Erfolgsprinzip von Holistic Engineering.*

Man könnte meinen, dass diese Unternehmenskultur als etwas Selbstverständliches gilt, wozu man sich nicht besonders viel Zeit nehmen muss. Konzentration auf die, ohnedies sehr belastenden, reinen technischen Probleme, müsste ausreichen. Tatsächlich sind aber die nichttechnischen Faktoren in Zukunft besonders wichtige Antriebskräfte.

Die Fortschritte in der Kommunikationstechnik ermöglichen auch endlich einen revolutionierenden Wandel, den wir nutzen müssen. Bereits die Prozessentwickler müssen mit Mitteln der Kommunikationstechnik das Umfeld der beteiligten Mitarbeiter und Anlagen analysieren, um die Zumutbarkeit für entsprechende Belastung festzulegen. Dies führt zur „Motivation".

These 7 *Die ständige Verbesserung der eigenen Leistung und der Teamleistung innerhalb des gesamten industriellen Prozesses erfordert eine positive Einstellung zu „sportlicher Anstrengung" und zum Teilen von Chancen und Risiken im Unternehmen.*

Oft hört man in dieser Frage die Antwort, das ist Aufgabe der Gesellschaft und nicht der Industrie. Das ist leider ein großer Irrtum, den schon viele Betriebe bitter bereuen mussten. Dass die Umsetzung dieser These im Vergleich zu vielen anderen Thesen nicht einfach ist, ergibt sich unter anderem aus der Tatsache, dass jede Branche aber auch jede Region und Altersgruppe unterschiedliche Einstellungen zum Thema Leistung und Solidarität hat.

Es ist die Motivation dieses Buches, durch pragmatische und theoretische Analysen des gesamten industriellen Prozesses, die Technologie der Prozessorientierung konsequent zu unterstützen.

Deshalb widmen wir dem Kapitel 4 mit der These
„Miss was messbar und mache messbar was noch nicht messbar"
und dem Kapitel 5 mit der These
„Analysiere genau warum und weshalb und dann agiere schnell"
einen großen Umfang in unserer Dokumentation.

Auch dem Industrieroboter geben wir etwas mehr Raum in unserer Dokumentation. Die Industrie ist die vielseitigste Verkörperung von wirtschaftlichem und technischem Teamwork und damit ein komplexes System, das nicht immer einfach zu beherrschen ist. Der Industrieroboter gilt als eines der komplexesten technischen Anlagen. Die in dieser Technologie beherrschte Komplexität von Mechanik, Elektronik und Informationstechnik (siehe Kapitel 5.5) kann als Analogon für viele höherwertige Industrieaufgaben herangezogen werden. Aber das Industriesystem ist auch in einer Zeit größtmöglicher Liberalisierung der Wirtschaft ein effizientes System zur wirtschaftlichen Bündelung von Ressourcen. Das „Denken im System", wie es in K. Stoll so glaubwürdig für das industrielle Arbeiten propagiert wird, hat das Kapitel 6 - Informationsprozesse - zu einer Schlüsseltechnologie in diesem Buch werden lassen. Die Motivation dieses Buches liegt auch in der Hoffnung, Anregungen für die Neu- und Umgestaltung von Produktentwicklungs- und Produkterzeugungsprozessen zu bewirken.

Kapitel 3

Industrieprozesse als komplexe Systeme

Die Entwicklung und Bereitstellung von Sachgütern und Dienstleistungen ist eine der wesentlichen Grundlagen des materiellen und immateriellen Wohlstandes. Derartige Produkte werden von vielen gestaltenden Kräften in Gewerbe und Industrie angeboten und meist von neutralen Institutionen auf vereinbarte Zuverlässigkeit hin überprüft. Der freie und globale Wettbewerb der Anbieter ist dabei das beste Stimulans für ständige Produkterneuerungen. Dies führt zu einem großen Warenangebot, größerem Rohstoffbedarf aber auch zu Funktionen deren Nebenwirkungen oft unter oder überschätzt oder die nicht sofort erkennbar sind. Dazu gehören u.a. Kommunikation, Organisation, Nachhaltigkeit, Normung und Gütertransport.

Jedenfalls sind Gewerbe und Industrie durch ständig erschwerte Rahmenbedingungen mit vielen Einflussparametern konfrontiert. Für Industriebetriebe werden neben den internen Fachexperten verschiedener Disziplinen auch vermehrt exogen wirkende Abteilungen wie Gewerbe- und Umweltrecht, Zukunftsforschung, regionale Wirtschaftsentwicklungen, Weiterbildung, Transportmöglichkeiten etc. wichtige Parameter für erfolgreiche Erzeugung und Vermarktung ihrer Produkte.

Industrielles Arbeiten ist daher eine extreme Systemtätigkeit, die einen sehr großen Umfang an Interdependenzen zu berücksichtigen hat. Der Begriff „System" kennzeichnet im allgemeinen Konnektivität, d.h. eine Ansammlung miteinander in Beziehung stehender Elemente, Personen oder Aggregate, die als Summe meist ein mehr oder weniger geschlossenes Ganzes für ein bestimmtes Ziel agieren bzw. interagieren.

Bei der o.a. Aufzählung an Elementen des industriellen Arbeitens versteht es sich von selbst, dass Industriesysteme vor allem deshalb so komplex sein können, weil Zielkonflikte, unterschiedliche Informationstechniken, räumlich und zeitlich wechselnde Anforderungen zu berücksichtigen sind.

Naturwissenschafter und Ingenieure aber auch Sozial- und Wirtschaftswissenschafter versuchen ständig Gemeinsamkeiten der Systeme zu nutzen. Sie können aber der Dynamik des Wachstums und des Begehrens nach ständig neuen Ideen, neuem Wettbewerb, offenen „Weltmärkten", sozialen „Wünschen" etc. kaum nachkommen.

In diesem Kapitel werden mehrere Thesen vorgelegt, die zum Verstehen komplexer Industrieaufgaben beitragen und deren Realisierungen erfolgversprechende Wettbewerbsarbeit ermöglichen. Die Thesen werden auch durch einige bekannte oder neue Definitionen unterstützt, um die jeweiligen Systemgrenzen festzulegen.

3.1 Grundlagen und Definitionen

Das effiziente Zusammenwirken unterschiedlicher Disziplinen und Spezialisten in einem Industriebetrieb ist beispielsweise dann „komplex", wenn stark divergierende Einzelziele wie höchste Qualität und marktgerechter Preis zusammengeführt werden müssen. Als Gesamtergebnis des industriellen Prozesses wird aber nicht nur ein wettbewerbsfähiges Produkt, sondern auch die zugehörigen Serviceleistungen erwartet. Dabei wirken exakte Ingenieurswissenschaften und kalkulierende Betriebswirtschaft mit messbaren Parametern aber auch soziale Fähigkeiten wie Flexibilität, Akzeptanz, Innovation, Kultur, Zufriedenheit, Motivation, Durchsetzungskraft etc., deren Parameter schwer quantifizierbaren sind.

Definition 1 *Der Begriff Industrie ist aus dem Lateinischen „industria" = Fleiß abgeleitet. Heute definieren wir einen Industriebetrieb als ein Unternehmen zur originären Herstellung oder Veredelung von Serienprodukten und/oder deren Vermarktung (Handelsunternehmen). In jedem Fall sind dabei mehrere unterschiedliche Disziplinen der Ingenieurwissenschaften, Wirtschafts- und Organisationswissenschaften zu einer Einheit mit gemeinsamer Zielsetzung vereinigt.*

These 8 *Die integrale Leistung eines Industriebetriebes muss trotz hoher Komplexität einem bewertbaren Maßstab entsprechen. Die Definition dieses Maßstabes und der Zielerreichungsmaßnahmen gehört zur großen „Kunst" der Unternehmensführung.*

Diese Kunst wird um so eher erfolgreich sein, je besser die unterschiedlichen Funktionen aufeinander abgestimmt sind, oder noch klarer formuliert, wenn die Verantwortlichen für Teilprozesse über klare (und realisierbare) Zielvorgaben geführt werden. Für diese Kunst gibt es mehrere Ergebnismaßstäbe wie betriebswirtschaftliche Amortisation, Marktanteilssteigerung, Shareholder Value oder Arbeitsplatzsicherheit. Allerdings sind Erfolgsprinzipien, die für ein Unternehmen gefunden werden, nicht ohne weiteres auf ein anderes Umfeld übertragbar. Jedenfalls benötigen unterschiedliche Prozesse eine Behandlung als System und eine sehr genaue Kenntnis der beteiligten Funktionen, deren Schnittstellen und der vorhandenen Rahmenbedingungen.

These 9 *Vor allem die folgenden Rahmenbedingungen: Unternehmenskultur, Umweltparameter, Softskills der Mitarbeiter sind fast immer von Betrieb zu Betrieb unterschiedlich und erfordern differenziertes unternehmerisches, methodisches Vorgehen.*

Die industrielle Heterogenität gemäß These 9 führt zu Schwankungen in der Qualität der Produkte und Dienstleistungen. Als ein Ausweg wird die Automatisierbarkeit und damit die Beherrschbarkeit der industriellen Prozesse angestrebt. Dieses Bestreben ist nicht einfach und vor allem nicht kostengünstig zu realisieren.

Betrachten wir dazu die wichtigsten Grundfunktionen, die i.a. innerhalb eines Industriebetriebes ausgeführt werden müssen. Die Grundfunktionen gibt es fast immer unabhängig davon, ob es sich um einen Betrieb zur Herstellung von Sachgütern oder Software oder Service- und Manageware handelt. Sogar Handelsbetriebe müssen sich heute strategisch positionieren und für Qualität und Fortschrittlichkeit ihrer Lieferanten die Verantwortung mittragen. Von den Grundfunktionen: strategische Unternehmensplanung, Forschung und Produktentwicklung, Finanzierung, Marketing, Personalführung, Prozessplanung, Terminführung, Teilefertigung und Montage, Qualitätssicherung und Distribution sind heute schon mehrere Tätigkeiten mit Mitteln der Informationstechnik automatisierbar und damit zuverlässig zu gestalten.

Wenn man die Faktoren PRODUKT, PREIS, TERMIN wie in These 4 als die wesentlichsten Erfolgsfaktoren eines Betriebes definiert, hätten die Funktionen: PRODUKTENTWICKLUNG, PROZESSENT-WICKLUNG, RESSOURCEN- und TERMINPLANUNG zwar eine klare Priorität. Aber das wird in Industriebetrieben oft nicht konsequent umgesetzt. In den Abteilungen Forschung, Entwicklung, Finanzierung und Vermarktung entstehen im industriellen Unternehmen hohe Vorlauf- und Fixkosten, die aus Risikogründen nicht gerne getragen werden. Diese Erfahrung gilt unabhängig davon, in welcher Branche das Unternehmen tätig ist.

Industriebetriebe mit großen Stückzahlfertigungen haben die Schwierigkeit sich rasch auf veränderte Anforderungen seitens des Marktes oder neue Möglichkeiten der Technik umzustellen. Die Industrie benötigt daher Systeme mit denen Unternehmen relativ wirtschaftlich die Produkt- oder Prozesseigenschaften verändern können. Die hohe Zahl der gefertigten Stückzahlen pro Tag oder pro Jahr ist ein Unterscheidungskriterium zu industriellen Gewerbebetrieben, die sich auf die Herstellung kleinerer Stückzahlen orientieren und somit flexibler auf geänderte Marktanforderungen reagieren können.

These 10 *Die im Industriebetrieb erforderliche, bereichsübergreifende Arbeit mit mehreren Wissensdisziplinen in einem vernetzten System von Informations- und Bearbeitungsprozessen erfordert klare Definitionen der Schnittstellen plus Festlegung gemeinsamer Ziele. Für die Schnittstellendefinition sind vorher die Inhalte der beteiligten Funktionen exakt zu beschreiben.*

Im Zusammenhang mit Produktentwicklung, Prozessentwicklung und operativer Tätigkeit der Produkterzeugung ist es notwendig, den Begriff „Produktion" zu definieren.

Definition 2 *Der Begriff „Produktion"(engl. manufacturing) ist international nicht genormt und wird daher sehr vielfältig interpretiert. Im Rahmen dieses Buches wird die Produktion als Summe aller jener Teilfunktionen definiert, die zur Herstellung eines Produktes notwendig sind. Es sind dies*

- *die Produktentwicklung und -konstruktion (in der das Pflichtenheft des Produktes realisiert wird),*

- *die Prozessentwicklung (in der Fertigungs- und Montageprozesse festgelegt werden),*

- *die operativen Prozessabwicklung wie Einzelteilefertigung, Montage, Abfüllung, Qualitätssicherung und Verpackung für das jeweilige Produkt,*

- *die Auftragsabwicklung und Kommunikation mit Vertrieb und Zulieferanten.*

Die Zusammenfassung dieser Funktionen unter dem Systembegriff „Produktion" ist vor allem deswegen sinnvoll, weil damit die für die Flexibilität notwendige Integration besser geregelt werden kann. Neben Integration wird in diesem Zusammenhang die möglichst enge Vernetzung der Teilfunktionen verstanden, sodass bei Übergang von einer Funktion zur nächsten keine Wartezeiten oder Doppelarbeiten auftreten.

Definition 3 *Da ein Industriebetrieb ein Unternehmen zur (Neu)Gestaltung eines Produktes und dessen Herstellung und Vertrieb darstellt, sind Industrieprozesse mit Unternehmensprozesse gleichzusetzen. Da es aber auch Unternehmungen gibt, die keine industriellen Seriengüter produzieren, gilt der Begriff „Unternehmensprozess" auch für Handels- und Gewerbebetriebe.*

Häufig findet man neben dem Begriff „Industrieprozess" auch den Begriff „Unternehmensprozess".

Definition 4 *Prozess: Nach DIN 66201 ist ein Prozess die Gesamtheit von aufeinander einwirkenden Vorgängen in einem System, durch die Materie, Energie oder Information umgeformt, transportiert oder gespeichert wird. Die kleinste Betrachtungseinheit ist das Prozesselement.*
Für einen verfahrenstechnischen Ablauf bedeutet ein Prozess die Änderung der Produkteigenschaften bzw. Prozesseigenschaften durch die Einwirkung von Grundoperationen (kleinste physikalische oder chemische Operationen, die auf ein Stoffsystem einwirken). Beispiele für solche Grundoperationen sind umformen, aggregieren, destillieren, abfüllen, montieren, verpacken etc.

Definition 5 *Ein Prozesselement ist ein Prozessabschnitt, der räumlich oder zeitlich abgeschlossen ist.*

Definition 6 *Die Prozessleittechnik ist die Zusammenfassung mehrerer Verarbeitungsfunktionen, die den Prozessanschlusspunkten zugeordnet sind, wobei die Systemgrenzen frei festgelegt werden können.*

Der Begriff der Prozessleittechnik wurde erstmals 1980 in der Bayer AG für die Zusammenführung der klassischen signalorientierten Mess-, Steuer- und Regelungstechnik mit der Informationstechnik eingeführt. Eine genormte Definition von Prozessleittechnik gibt es bisher noch nicht.

Als Differenzierung der Prozessleittechnik gegenüber der Mess-, Steuer- und Regelungstechnik gilt zur Zeit: In der Steuerungstechnik werden Rahmen und Abläufe für Prozesse festgelegt, die dann automatisch ablaufen. Es gibt während des Ablaufs kaum Kenntnis über den Prozess. Deswegen spricht man auch von Ablaufsteuerung.

In der Prozessleittechnik wird direkt in den Prozess eingegriffen und dieser bei hoher Kenntnis der Prozessabläufe (automatisch oder halbautomatisch)geleitet .

Weiters sind folgende Definitionen bzw. Bezeichnungen üblich:

Definition 7 *Prozesseigenschaften umfassen folgende Kategorien von Informationen: Zustandsvariable (z.B. Dimension, Gewicht, Druck, Temperatur, Stromstärke), Prozessparameter (z.B. Bearbeitungszustand, Füllstand), Prozessindikatoren (z.B. errechnete Hilfsgrößen), Steuerungsgrößen;*

Definition 8 *Produkteigenschaften können klassifiziert werden in: physikalische Größen (z.B. Dichte, Geometrie), chemische Größen (z.B. Stoffanteile), technologische Eigenschaften (z.B. Ausgangskennlinienfelder von Transistoren), Produktindikatoren (z.B. aus physikalischen und chemischen Größen berechnete Hilfsgrößen);*

Definition 9 *Sensoren dienen zur Umwandlung physikalischer Größen in elektrische und informationstechnische Signale.*

Definition 10 *Aktoren beeinflussen den verfahrenstechnischen Prozess durch Steuerung oder Regelung der Material- oder Energieströme in der Produktionsanlage.*

Definition 11 *Schnittstellen dienen zur Übertragung des Sensorsignals in die Steuerung, bzw. des Aktorsignals aus der Steuerung.*

Definition 12 *Kommunikationssysteme dienen der Datenübertragung auf Feld- und Leitebenen und ebenenübergreifend.*

Definition 13 *Feldebene: Unter Feldebene versteht man die Zusammenfassung aller mit technischen Verfahrensabschnitten eng verbundenen Komponenten (Einzelgeräte, Sensoren, Aktoren, verbindende Bussysteme zwischen diesen).*

Definition 14 *Prozessleitebene: Die Prozessleitebene ist die hierarchische Ebene, in der die Umsetzung von Produktionsaufträgen in die verfahrenstechnische Realisierung erfolgt.*

Definition 15 *Informationen bilden den Inhalt einer Nachricht, sie enthalten nicht deren irrelevanten oder redundanten Teile.*

These 11 *Bei der Betrachtung industrieller Systeme als Regelkreise werden unterschiedliche Sensoren und Aktoren allgemeiner Art durch die Verarbeitung und Weiterleitung von Informationen zu einem effizienten System vernetzt.*

Zur visuellen Darstellung eines Prozesses zeigt das Bild 3.1 eine Struktur zur Veränderung einer Produkteigenschaft mit Sensoren und Aktoren über Informationssysteme. Wir unterscheiden kontinuierliche und diskontinuierliche Produktionsabläufe. Bei kontinuierlichen Prozessen geht jeder einzelne Verfahrensschritt meist ohne zeitliche und räumliche Unterbrechung in den nächsten Schritt über. Typische Beispiele sind die Herstellung von flüssigen Produkten, wie Getränken, Lacken, Treibstoffen etc. Bei diskontinuierlichen Produktionen bestehen hingegen zwischen den einzelnen Fertigungsschritten meist erhebliche zeitliche und räumliche Unterbrechungen, die durch die Verschiedenartigkeit der Teilprozesse (wie Fertigungsverfahren und Montageprozesse) bedingt sind.

These 12 *Die Erfahrungen bei kontinuierlichen Prozessen bezüglich Wirtschaftlichkeit, Überschaubar- und Regelbarkeit, sind so positiv, dass dieses „Procedere" (lat: fortschreiten) auch für bisher diskontinuierliche Fertigungsverfahren Vorteile erwarten lässt. Ja sogar für „geistige", schöpferische und administrative Arbeiten wird prozedurales Vorgehen als eine Art „Geschäftsprozess" oder „Denkprozesse" angestrebt.*

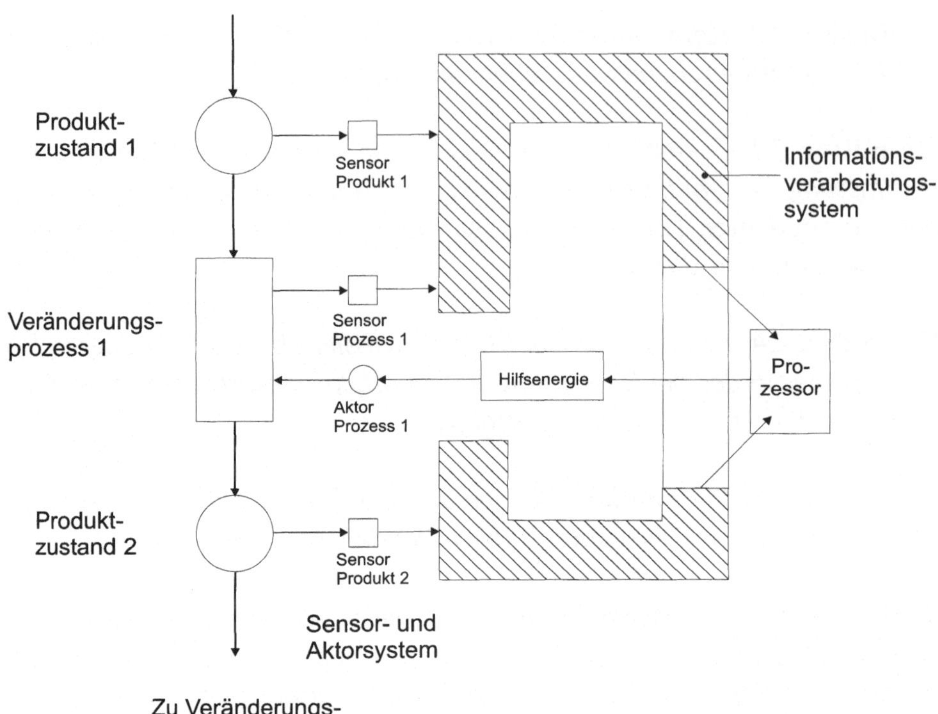

Bild 3.1: Gestaltungsprozesse über Eigenschaftserfassung des Produktes
und Veränderung des Produktzustandes

Durch die Ordnung der industriellen Tätigkeiten nach Ablaufprin-
zipien kann man nicht nur Wirtschaftlichkeit, sondern v.a. dynamische
Regelbarkeit erreichen. Dynamisch heißt in diesem Fall „in Bewegung be-
findlich" oder „kraftentfaltend". Tatsächlich haben sich im letzten Jahr-
zehnt gerade jene Industriebetriebe im Wettbewerb erfolgreich betätigt,
die ihre Produktentwicklung und ihre Produkterzeugung sehr dynamisch
dem Wandel an Bedürfnissen und Erwartungen der Gesellschaft ver-
schrieben haben.

These 13 *Diese Wandlungsfähigkeit kann als rückwärts gerichtetes
Reagieren auf (schmerzliche) Notwendigkeiten, z.B. als Umstrukturie-
rungsprozess oder als vorwärts gerichtetes Agieren und rechtzeitiges
Vorbereiten im Hinblick auf zukünftige Herausforderungen umgesetzt
werden, z.B. als agiles Procedere. Sofern dabei noch keine Automatisie-*

rung vorliegt und Human Ressources mitspielen, ist sowohl das Reagieren als auch das vorwärts Agieren nur unter Einsatz von guten Managementmethoden erfolgversprechend. Ein gutes Management erfordert dabei Informationssammlung, -auswertung, -verarbeitung und -weitergabe. Wir sprechen deswegen heute auch vom Informationszeitalter und von der Komplexität multidisziplinärer Aktivitäten. Die Kapitel 3.2 und Kapitel 3.3 strukturieren eine Architektur von Managementaufgaben nach Antwortzeiten und Informationsmengen.

3.2   Das Ebenenmodell

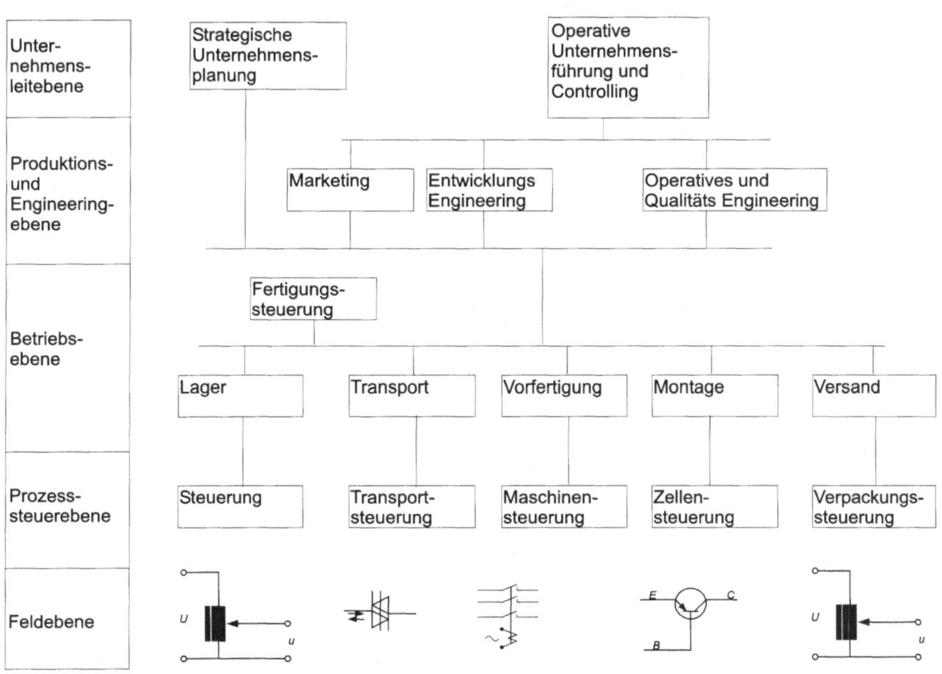

Bild 3.2: Das Ebenenmodell eines Unternehmens

Innerhalb jedes Betriebes spielt sich das dynamische Leben meist auf mehreren Informationsebenen ab (Bild 3.2). Informationstechnisch sind

diese Ebenen durch die Datenmengen und Responsezeiten charakterisiert. In der Feldebene (dort wo operative, sichtbare Prozesse ablaufen)
und der Unternehmensleitebene (dort wo strategische Prozesse - meist
unsichtbar - ablaufen) bestehen unterschiedliche Informationsnotwen-
digkeiten, die in Tabelle 3.1 und Tabelle 3.2 zahlenmäßig angegeben
sind.

Ebenen	Datenübertragungs-		
	-menge	-responsezeit	-häufigkeit
Unternehmensleitebene	Gbyte	Stunden	Tag
Produktionsleitebene	Mbyte	Minuten	Stunden
Betriebsleitebene	Byte	Sekunden	Minuten
Prozesssteuerungsebene	Bit	100ms	Sekunden
Feldebene	Bit	Millisek.	Millisek.

Tabelle 3.1: Datenübertragungsstruktur

Ebenen	Planungs-	
	-art	-horizont
Unternehmensleitebene	Strategisch	Jahr, Monat
Produktionsleitebene	Taktisch	Woche
Betriebsleitebene	Taktisch	Tag, Stunden
Prozesssteuerungsebene	Operativ	Minuten, Sekunden
Feldebene	Operativ	Sekunden, Millisekunden

Tabelle 3.2: Planungsarten

Die in Tabelle 3.1 und Tabelle 3.2 gezeigten Gliederungen sind nur
Beispiele. Sie variieren von Betrieb zu Betrieb. Die auf den einzelnen
Ebenen anliegenden Daten sind durch die unterschiedlichen Tätigkeiten
und Anforderungen bedingt. Auf der Feldebene werden Maschinen oder
Reaktoren gesteuert und die hier anfallenden Daten wie Temperatur,
Drehzahl, Druck, Ölstand, ... erfasst. Die Aufgabe der Feldebene ist es
also, Anlagendaten zu erfassen, Alarme zu übertragen und Daten zwi-
schen den einzelnen Geräten auszutauschen, sowie an die übergeordnete

Ebene weiterzugeben. Umgekehrt werden Daten von der nächsthöheren Ebene empfangen (Sollwertvorgaben, Programme). Die Aufgabe der Produktionsleitebene ist die Überwachung und Steuerung der gesamten Produktion einschließlich der Engineeringarbeiten. Ein wesentlicher Bestandteil ist hier der Einkauf, die Konstruktion und die Arbeitsvorbereitung. Die Topmanagementdaten sind langfristige Planungsüberlegungen oder Daten für unvorhergesehene Betriebseingriffe.

In der Unternehmensleitebene fließen Produktionsdaten in strategische und administrative Tätigkeiten ein.

In Bild 3.2 sind die Planungsarten und Planungshorizonte für die verschiedenen Ebenen angegeben. Auch diese Kriterien rechtfertigen wegen ihrer unterschiedlichen Größenordnung die Kommunikationsgliederung in Ebenen.

Eine typische Systemstruktur am Beispiel des SIMATIC Process Control System 7 zeigt Bild 3.3.

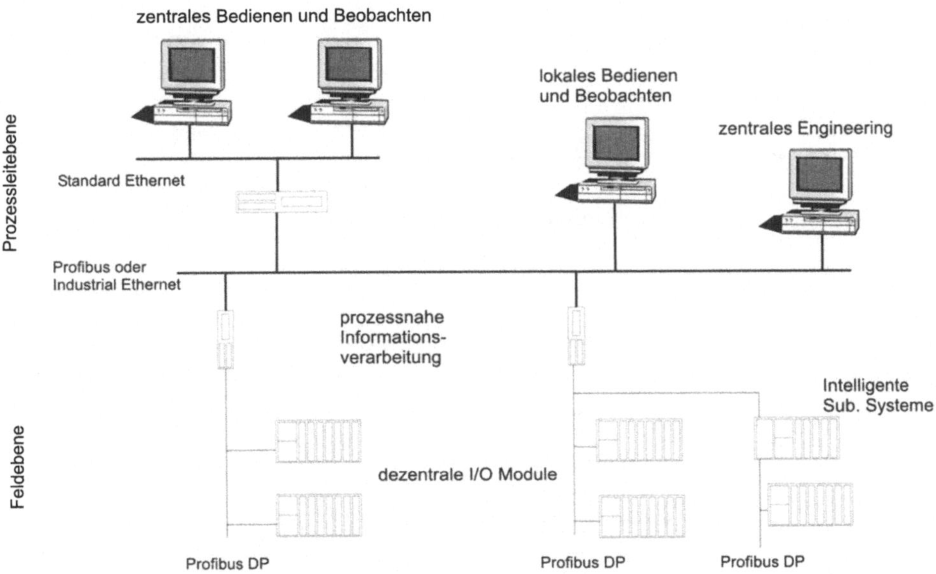

Bild 3.3: Typische Systemstruktur auf Feldebene und Prozessleitebene

Dezentrale Input/Output einer Anlage, das sind z.B. Sensoren oder Aktoren einer Flugplatzsteuerung, sind über Feldbus zur Bit-Übertragung mit dem Datenübertragungsnetz Ethernet mit der Bedienerebene verbunden. Dem manuellen oder automatisierten Beobachter stehen damit die Zustände der Anlage in übersichtlicher Form zur Verfügung. Bei beabsichtigten oder unfreiwilligen Zustandsänderungen, z.B. der Beleuchtung oder Klimatisierung, werden auf der Prozessleitebene entsprechende Gegenmaßnahmen eingeleitet.

In der Endmontage von PKW-Motoren bei der Firma BMW sind wegen hoher Variantenzahl eine große Anzahl von Änderungen bei Materialanlieferung, Montagetoleranz, Zeitabläufen etc. notwendig. Rockwell Automation entwickelte dazu die Automatisierung für die Vernetzung von über 100 Montageplätzen mit über 6000 Industrie PC's und einer High speed Kommunikation von 10 Mbps. Bei Änderungen des Kundenwunsches kann durch diese Vernetzung eine sofortige Anpassung der technischen Abläufe erreicht werden. Diese hohe Flexibilität ist eine der wichtigsten Stärken im heutigen Wettbewerb.

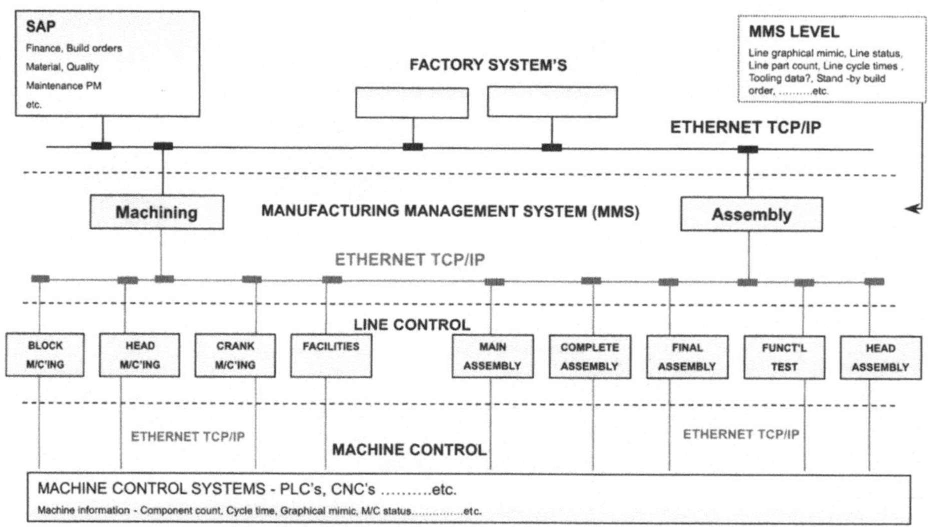

Bild 3.4: Steuerung der Maschinen in der Montage bei BMW

3.3 Horizontale und vertikale Regelkreise

In den Darstellungen der Bilder Bild 3.2 und Bild 3.3 sind lediglich die informationstechnischen Abgrenzungen einzelner Tätigkeiten enthalten. Die reale Welt enthält aber zusätzlich Vernetzungen: zum ersten die Vernetzung einer Sparte A zu einer Sparte B, die ähnliche Produkte aber mit anderen Betriebsmitteln erzeugt. Solche Parallelerzeugungen sind aus Diversifikationsgründen üblich und können heute informationstechnisch gut geregelt werden. Dazu stehen ausreichend Bussysteme gemäß Bild 3.5 zur Verfügung.

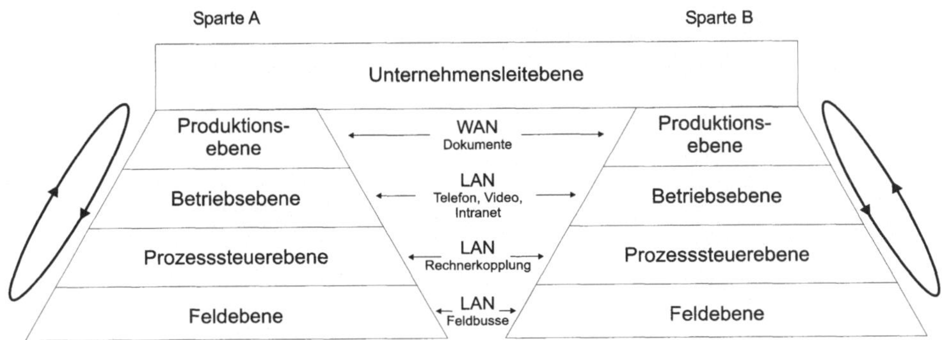

Bild 3.5: Horizontale und vertikale Vernetzung

Zum zweiten bestehen natürlich auch ebenenübergreifende Vernetzungen, also sogenannte vertikale Informationsflüsse. Wie ebenfalls in Bild 3.5 dargestellt, müssen die Entscheidungen der Unternehmensleitebene mit den Möglichkeiten der Feldebene über vertikale Vernetzung abgestimmt werden.

These 14 *Gerade die sogenannten vertikalen Informationsvernetzungen und die Gesamtheit aller Beiträge aus verschiedenen Ebenen sind die Kernkompetenzen für erfolgreiche dynamische Industrieprozesse.*

Für die bereits oben angeführten „Erfolgskriterien": PRODUKTENTWICKLUNG und MARKTGERECHTE TERMINE und PREISGERECHTE KOSTEN sind ebenenübergreifende Regelungen unbedingt erforderlich. Sofern man in einer einzelnen Ebene regelt, ist die Abstimmung zwischen Sollwerten und Istwerten relativ einfach. Wenn eine Solltoleranz in der Feldebene nicht eingehalten wird, muss nachgeregelt werden, z.B. durch eine adaptive Beeinflussung des Arbeitsprozesses.

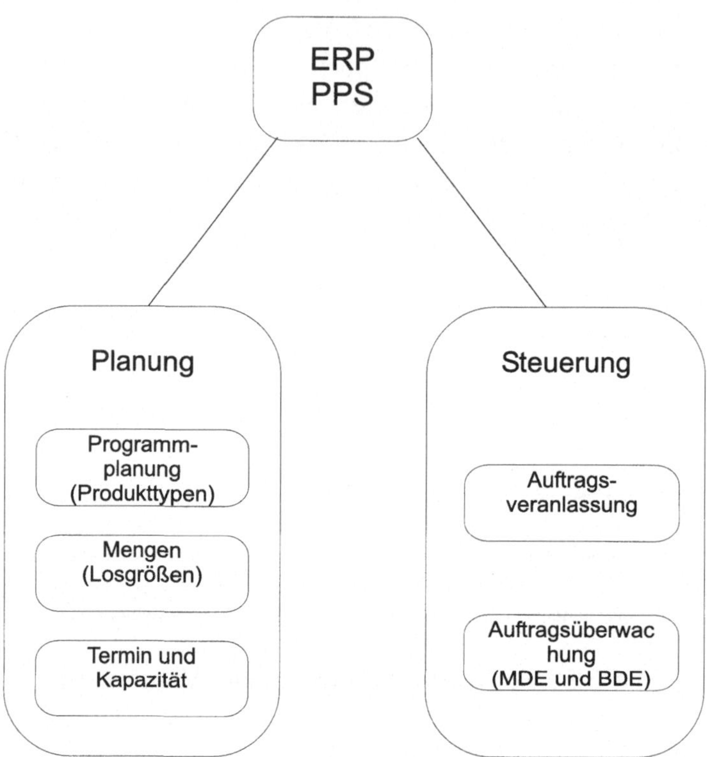

Bild 3.6: Enterprise Resource Planning (ERP) plant Mengen und Termine für die herzustellenden Produkte

Schwierig wird es, wenn ebenenübergreifend schwer quantifizierbare Sollgrößen wie Entwicklungszeit oder Just-in-Time-Anlieferungen geregelt werden müssen. Dies ist meist eine informationstechnische Aufgabe im Rahmen der Logistik. Als Logistik wird die Gesamtheit aller planenden und ausführenden Aktivitäten zur Versorgung, Lagerung, Transport und Verteilung der jeweiligen notwendigen Material- und Produktmengen zu gewünschten oder vereinbarten Terminen bezeichnet. Die Logistik umfasst nicht nur innerbetriebliche Maßnahmen, sondern auch Programmplanung und das Bestellwesen mit Kunden und Zulieferbetrieben. Die Logistik ist auf eine betriebsspezifische EDV-

Unterstützung angewiesen, wenn sie flexibel reagieren können soll. Die wichtigsten Automatisierungsmittel dafür sind die ERP/PPS-Systeme, das sind Mengenplanungs- und Terminplanungs- und Steuerungssysteme (Bild 3.6)und Betriebsdatenerfassungssystem BDE (Bild 3.7). Mit

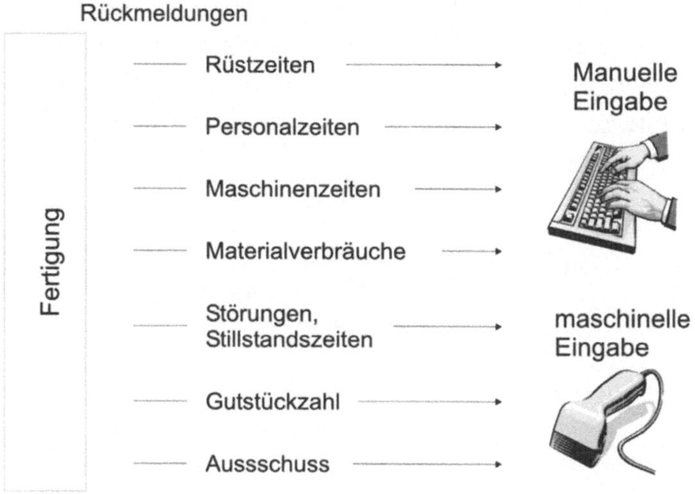

Rückmeldungen

Fertigung

Rüstzeiten ⟶ Manuelle Eingabe

Personalzeiten ⟶

Maschinenzeiten ⟶

Materialverbräuche ⟶

Störungen, Stillstandszeiten ⟶ maschinelle Eingabe

Gutstückzahl ⟶

Aussschuss ⟶

Bild 3.7: Betriebsdatenrückmeldungen für einen geregelten Fertigungsprozess

diesen Tools werden dem jeweiligen Hersteller die herzustellenden Mengen und Termine vorgegeben, woraus sich die Liefertermine an den Kunden ableiten lassen. Mit ERP-tools lassen sich aber auch Kosten vorgeben, wenn das jeweilige Herstellungsverfahren mit den Material-, Lohn- und Gemeinkosten vor der Prozessplanung theoretisch geplant worden ist. Dann beschreiben ERP-Systeme die organisatorische Planung, Steuerung und Kontrolle der industriellen Abläufe vom Auftragseingang über Kapazitätsterminierung, terminliche Fertigungssteuerung, bis zur Steuerung des Versandes mit feed forward Operationsplänen. Die Rückkopplung bei Abweichungen der Sollergebnisse erfolgt mindestens halbautomatisch, nach Eingabe der Istdaten ins BDE-System. Aus der Aufzählung der Detailaufgaben erkennt man die Bedeutung von ERP-Systemen für die geordnete Abwicklung von industriellen Herstellungsprozesse, besonders bei schneller Reaktion auf wechselnde inhaltliche und terminliche Kundenwünsche.

Nach dem Motto: Planung ist gut, Kontrolle ist besser, aber auch für die rasche Reaktion auf Auftragsänderungen ist eine Erfassung aller Istzustände der Betriebsdaten unbedingt notwendig. Da viele Funktionen im Industrieprozess logisch miteinadner verzahnt sind, ist die BDE auch ein umfassendes Netzwerk zur Statuserhebung.

These 15 *Die moderne Betriebsdatenerfassung erfasst den Status von Aufträgen nicht nur auf der Feldebene, sondern auch in den planenden Bereichen wie Konstruktion, Arbeitsplanung und prüfende Funktionen wie Qualitätswesen und korrigiert daraus die Parameter für Termin-, Personal- und Materialdisposition.*

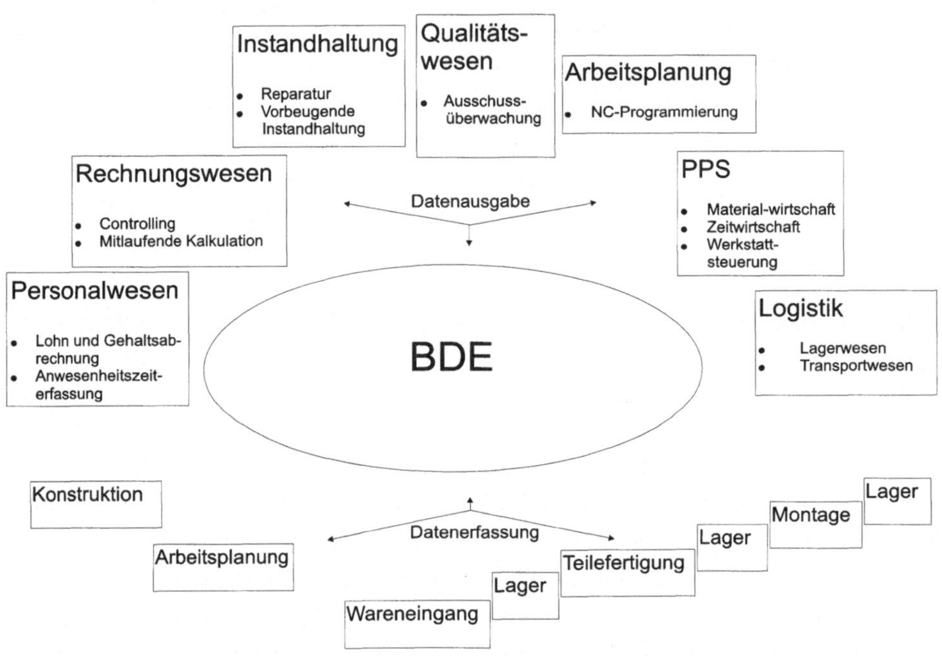

Bild 3.8: Betriebsdatenerfassung

Die Betriebsdatenerfassung erhält eine enorme Bedeutung für die gesamte Prozessführung industrieller Prozesse. Unvermeidbare Abweichungen müssen sofort erfasst und möglichst realtime korrigiert werden.

These 16 *Abweichungen in industriellen Prozessen sind nicht nur auf technische oder menschliche Fehler zurückzuführen, sondern auch das Ergebnis inhärenter Zielkonflikte innerhalb des Betriebes.*

Vor allem sind hier die Konflikte Qualität versus Kosten und hohe Lieferbereitschaft versus niedrige Bestände zu nennen.

Für Optimierungsaufgaben, die auch durch mathematische Modellierung der einzelnen Parameter möglich sind, ist daher die Festlegung von Prioritäten wichtig. Beispielsweise kann eine hohe Lieferbereitschaft trotz der damit verbundenen höheren Kosten für ein flexibles reaktionsschnelles Unternehmen am Markt erhebliche Wettbewerbsvorteile bringen. Für die Lösung der Zielkonflikte gibt es eine Vielzahl von Lösungsansätzen deren Effizienz oftmals entscheidend für Erfolg oder Misserfolg eines Unternehmens sind. Deshalb gelten sie auch in vielen Fällen als wohlgehütetes Betriebsgeheimnis. Eine gutbekannter Lösungsansatz ist „Just in Time" das lange Zeit vor allem in Japan verfolgt wurde. JIT wird in Kapitel 6 behandelt.

These 17 *Zur Erzielung einer 100 %igen JIT-Operation wären eine Großzahl von Einsatzvoraussetzungen notwendig, die oft nicht gegeben sind oder unwirtschaftliche Kosten verursachen.*

Es wären dies u.a.: Konsequente Informationskopplung vom Lieferanten bis zum Kunden, hohe Vorhersagegenauigkeit der Liefermengen und -sequenzen, Lieferantenauswahl nach Qualität, Preis, Lieferzeit und Flexibilität, Synchronisierung von Material- und Informationsflüssen, variantenarme Serien- und Massenfertigung und langfristige Rahmenverträge zwischen Lieferanten und Kunden.

Wenn nur eine dieser Voraussetzungen nicht beherrschbar ist, ist das JIT-Konzept schwer erfüllbar.

These 18 *Für die kreative Flexibilität eignen sich am besten Prinzipien der Regelungstechnik.*

In der Qualitätsregelung eines Betriebes werden solche Prinzipien üblicherweise praktiziert. Dort ist es das Zusammenspiel aller Funktionen in unterschiedlichen Ebenen, um die Qualität des Endproduktes sicherzustellen. Qualitätsregelkreise sind daher vertikale Regelkreise.

Mit dem schwer quantifizierbaren Schlagwort „Qualität" werben fast alle Produzenten und Verkäufer für ihr jeweiliges Produkt und wollen damit oft einen relativ höheren Preis rechtfertigen.

Techniker sind gezwungen, den Begriff zu definieren und quantifizieren. Dabei ist es besser, den Detailbegriff „Qualitätsmerkmal" zu verwenden. Solche Qualitätsmerkmale sind z.B.

exogene (aus der Sicht des Kunden): Lebensdauer, Robustheit (Ausfallsicherheit), Bedienungskomfort, Vielseitigkeit, Toleranzhaltigkeit (statistisch), Wartbarkeit, Reklamationshäufigkeit, Wiederverkaufswert, Kulanzbereitschaft etc.

endogene (aus der Sicht der Herstellbarkeit): Prozessfähigkeit (Montagefähigkeit), Weiterverarbeitbarkeit, Prüfbarkeit, Lagerungsfähigkeit, Recyclingfähigkeit, etc.

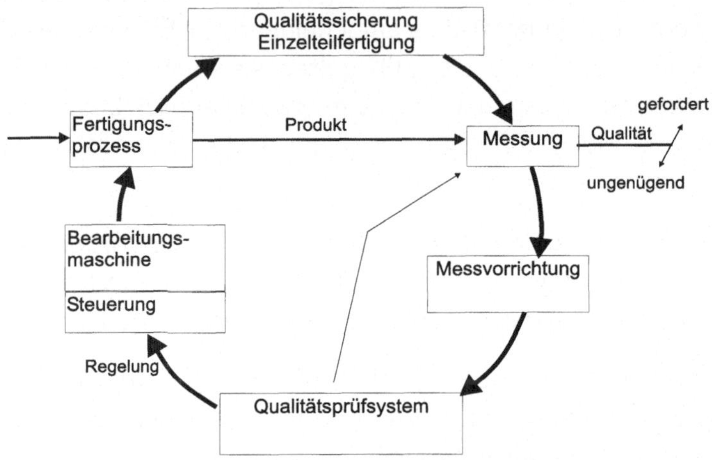

Bild 3.9: Geschlossene Rückkopplung bei Einzelteilfertigung

Der Umfang von Qualitätsregelkreisen reicht von einfacher Rückkopplung in der Herstellung von Einzelteilen (s. Bild 3.9) über abteilungsübergreifende Regelkreise (s. Bild 3.10) bis zu ganzheitlichen Regelkreisen nach dem Schema des Bild 3.11 über das gesamte Unternehmen.

Ganzheitliche Qualitätssicherung umfasst alle Maßnahmen eines Unternehmens zur Sicherstellung der Qualität der herzustellenden materiellen und immateriellen Produkte. Sie besteht nicht nur aus der Qualitätsprüfung der fertigen Teile, sondern benötigt vorausschauende Qualitätsplanung und regelnde Qualitätssteuerung. Qualitätsregelkreise beschreiben den Umfang der an der Produktqualität beteiligten Funktionen, wobei das gesamte Unternehmen und das notwendige Zusammenwirken aller Unternehmensbereiche erfasst wird.

Im Sinne wenig unterbrochener Prozessabläufe soll Qualität nicht nur gemessen sondern automatisch erzeugt werden, d.h. wir benötigen

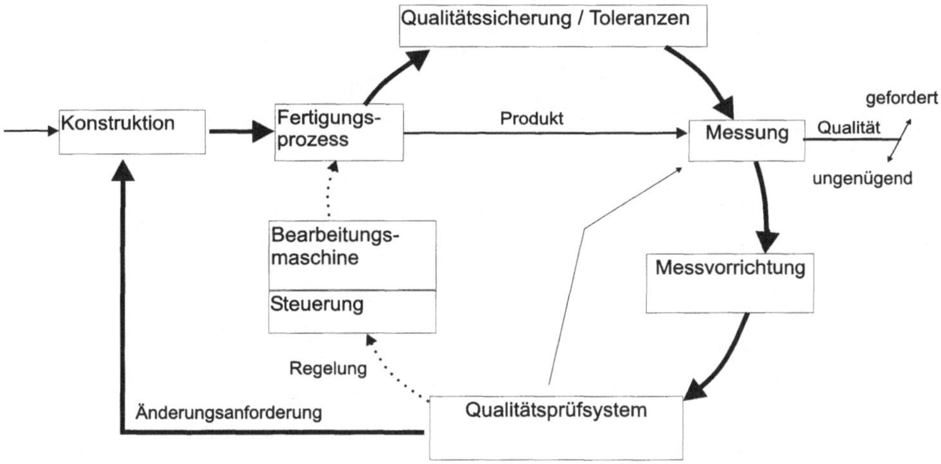

Bild 3.10: Geschlossene Rückkopplung über Toleranzfestlegung in der Konstruktion

Messungen im Zusammenwirken mit dem Prozess.
Dabei sind 4 unterschiedliche Methoden üblich:

- pre-process-Messung (Messung vor dem Bearbeitungsprozess, teilweise auch als Wareneingangskontrolle),

- in-process-Messung (Istwerterfassung simultan während der Bearbeitung meist mit Feedback),

- post-process-Messung (nachfolgende, meist vom Herstellprozess unabhängige Messstation),

- con-process-Messung (prozessbegleitende Überwachung)

Post-process-Messungen haben den Vorteil von bearbeitungsunabhängigen Messbedingungen.

Die geschlossene Rückkopplung beginnt mit der Messung von Eigenschaften (z.B. Dimensionen) eines Teiles während oder unmittelbar nach dem Fertigungsprozess. Bei Nichterfüllung der Toleranzen wird der Fertigungsprozess sofort verändert, z.B. durch ein Nachjustieren des Werkzeuges.

Gelingt dieses Nachjustieren aber nicht, muss eine Rückkopplung zur Konstruktionsabteilung erfolgen. Diese muss dann entscheiden, ob das

Bild 3.11: Offene Rückkopplung über das gesamtes Unternehmen

Einzelteil umkonstruiert werden muss, damit es toleranzhaltig herstellbar
ist.

Es gibt aber auch Fälle, in denen selbst der Konstrukteur keine Abhil-
fe finden kann. Z.B. wenn das Zulieferteil von einem Lieferanten dauernd
Fehler aufweist, der durch betriebsinterne Flexibilität nicht kompensiert
werden kann. Derartige Rückkoppelungen kommen leider sehr häufig vor
und müssen abteilungsübergreifend geregelt werden.

Im Bild 3.11 haben wir alle Funktionen in einen Regelkreis aufgenommen, wobei sie voneinander abhängig sind. Eine Werbung, die zuviel
verspricht, weil das Produkt vom Konzept her anders geplant ist, kann
hier ein Nichterreichen der Sollwerte verursachen.

3.4 Taylorismus versus Holistic Engineering

Mit den Megafusionen in der industriellen Welt wie Daimler-Chrysler, Merrill Lynch-Mercury, Bertelsmann-Random House, Ciba Geigy-Sandoz, Boeing-McDonnel Douglas, Vodaphone-Mannesmann etc. entstehen völlig neue Architekturen der produzierenden Unternehmen. Aber auch die mittelständische Industrie entwickelt Kooperations- und Clusterstrategien mit neuen Informationstools wie virtual enterprise und supply chain management.

Traditionelle „Industriegesetze" verlieren ihre Bedeutung, dies gilt insbesonders für das fast einhundert Jahre alte Prinzip der strengen Arbeitsteilung von F.W. Taylor. Taylor hatte zu Anfang des 20. Jahrhunderts eine (von vielen) industriellen Revolutionen dadurch ermöglicht, dass er die komplexe Herstellung eines Automobils in viele Teilprozesse zerlegt hat und für jeden einzelnen Handgriff einen (meist nur angelernten) Mitarbeiter eingeteilt hat. Taylor´s Konzept löste das Problem von komplexen Aufgaben durch eine sehr hochwertige Systemplanung einerseits mit geschickter Zerlegung in Einzelschritte und die Ausführung dieser Einzelschritte durch einfache Handhabung andererseits, was später als monoton qualifiziert wurde.

Dieser Taylorismus wurde in fast alle Architekturen der Industrie, ja sogar des Gewerbes und der Verwaltung übertragen und gilt als einer der größten Motoren des Fortschrittes in der Industrie, aber auch im gesamten Lebensstandard.

Die strenge Durchführung des Prinzips führte aber zu erheblichen Schnittstellen zwischen den Spezialisten. Die Ursachen vieler problematischer Situationen in Industrieprozessen liegen heute in der Komplexität von Zielkonflikten. Wenn als Industrieprozess der gesamte Produktentstehungsvorgang vom Auftragseingang über Konstruktion, Beschaffung, Fertigung, Montage, Qualitätssicherung bis hin zur Distribution verstanden wird, entstehen starke Zielkonflikte. Konflikte zwischen Termintreue, Bearbeitungszeit, Qualität und Kosten. Deren Lösung verlangt feinstes Abwägen gegenläufiger Intentionen. Der Ruf nach Vernetzung wird immer lauter.

Im Buch „Techniques for Analyzing Industrie and Competitions" zeigt Michael E. Porter im Jahre 1980 das erstemal sehr deutlich mehrere Vernetzungsstrategien auf. Die von ihm untersuchten Praxisfälle basieren auf einem „Top-down"- System, bei dem weitblickende Industrieführer sozusagen von „oben herab" die Wände zwischen Unternehmungen niederreißen.

F.J.W. Warnecke hat im Jahre 1992 in seinem Buch „die fraktale Fabrik" einen „Bottom-up"-Ansatz vorgeschlagen. Seine Überlegung geht davon aus, dass ein Industriebetrieb aus „fraktalen" Gruppen bestehen soll, die selbständig und ohne „Bestimmung von oben" innerhalb der Gruppe die klassischen Spezialistenhürden abbauen. Besonders wertvoll waren die Betrachtungen von Arno Penzias in seinem Buch „Harmony" im Jahre 1995, in dem er den, unserer Meinung nach, vergangenen Industrieprozessen der Quantität und Qualität ein neues Paradigma der Harmony gegenüberstellt.

Mit der Harmony-Era verlangt er sehr konsequent den Abbau der tayloristischen Bereiche und die Anwendung der Informationstechnologien für verbesserte Abläufe in der industriellen Kommunikation.

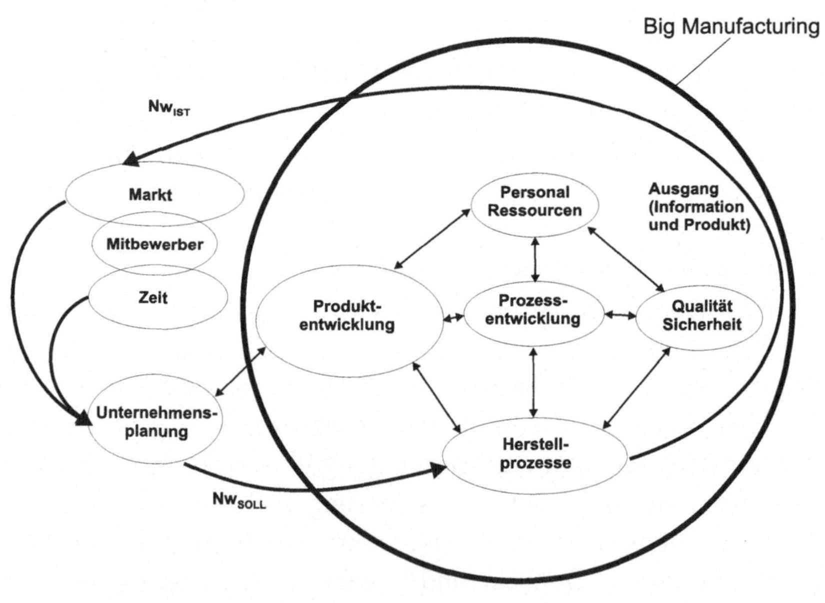

$$V_o = \Sigma \left((K_1 + K_2 + ..K_n) + (K_{C1} + K_{C2} + ..K_{Cn}) + (K_{Q1} + K_{Q2} + ..K_{Qn}) \right)$$

Bild 3.12: Holistic Engineering mit Nutzwert NW_{ist} = Istwert und NW_{soll} = Anforderungen des Marktes

In Bild 3.12 werden die wichtigsten klassischen (tayloristischen) Teilfunktionen eines Industriebetriebes und deren holistisches (ganzheitliches) Zusammenspiel in einem Regelkreis dargestellt. Weiters werden die industrie-endogenen Funktionen, die den Nutzwert des Outputs erzeugen, dem externen Block Markt und Wettbewerb, die den Sollwert des Nutzwertes vorgeben, gegenübergestellt. Man kann daraus interpretieren, dass zersplitterte endogene Industrieprozesse kaum in der Lage sein werden, geschlossen und rasch auf die Herausforderungen des Marktes bez. der Kunden zu reagieren. Das heißt, wir benötigen eine sehr gute Abstimmung der Teilfunktionen mit ganzheitlichen Entwicklungswerkzeugen.

Diese holistische Architektur kann unterschiedlich umgesetzt werden. Entweder lässt man die Spezialgebiete bestehen und erweitert diese mit Integrationsprozessen oder man geht von der Verfügbarkeit holistisch arbeitender Teilfunktionen aus. Ersteres hat den offensichtlichen Vorteil, dass sowohl Spezialisten als auch Integratoren ihre jeweiligen Spitzenleistungen beisteuern können. Im zweiten Fall hingegen wird von den Spezialfunktionen nur eine zusätzliche kooperative Tätigkeit verlangt.

Für beide Umsetzungsarten gibt es bereits informationstechnische Lösungen. Für den Fall der Integrationsprozesse gibt es die „Nutzwertintegration", wie sie in Bild 3.12 als Summe aller kostenverursachenden Beiträge der Löhne, des Materials, der Information, der Qualität und der bereitgestellten Kapazität dargestellt ist.

Für den zweiten Fall, der Beibehaltung von Spezialisten, wird die sogenannte HOLONIK oder Multiagententechnik entwickelt. Dabei wird wie in Bild 3.13 dargestellt die Zusammenarbeit zwischen Spezialfunktionen mit automatischen Client-Server-Beziehungen geregelt.

Ein Holon ist ein Entity eines Industrieprozesses, das sowohl autonome intelligente Lösungen als Spezialist, als auch kooperative Fähigkeiten zur gezielten Kopplung mit anderen Holons besitzt. Das Holon entwickelt seine Aktivität A nicht nur als direkte Funktion der Sensorsignale S_1, sondern berücksichtigt auch das Kooperationsinteresse anderer Holons H_1 bis H_n, ausgedrückt durch Kooperationsfaktoren K_1 bis K_n.

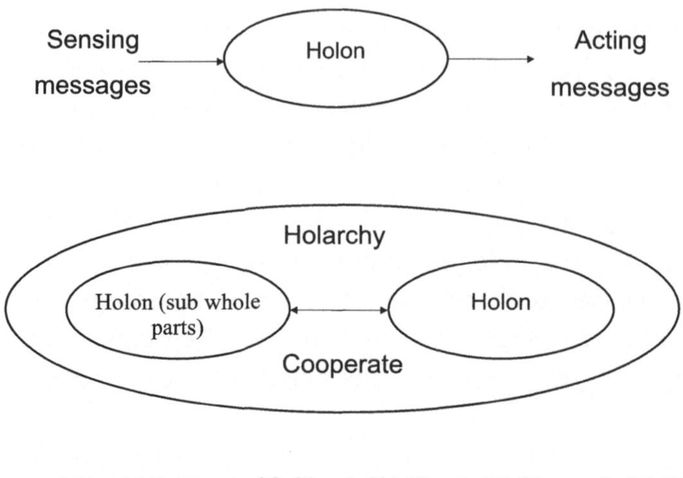

$$A(t)= f (S_1(t) + k_w{}^*S_2(t) + k_1{}^*H_1(t) + k_2{}^*H_2(t) +.....k_n{}^*H_n(t))$$

Bild 3.13: Holonische Systeme mit Aktionen gemäß eingehender Sensorsignale und kooperierender Holone

3.5   Modellierung und Simulation von Prozessen

Steigender Wettbewerbsdruck, Nachfrageschwankungen und immer kürzer werdende Entwicklungszeiten erfordern eine kontinuierliche Bewertung und Anpassung der aktuellen Produktionssituation. Die Methode „trial & error" und die dazu gegenpolige Vorgangsweise „ausführlicher Prototypenerprobung" sind wegen der heutigen Wettbewerbsdynamik nicht mehr möglich. Sie verursachen zu hohe Kosten und Zeitverluste. Dieser Umstand führte dazu, dass sich nach anfänglichen Akzeptanzproblemen der Einsatz von Simulationswerkzeugen in produzierenden Unternehmen mehr und mehr durchgesetzt hat. Mit den Möglichkeiten der mathematischen und informationstechnischen Prozessmodellierung stehen dafür heute Werkzeuge zur Verfügung, mit denen sich der Ablauf von komplexen Prozessen effizient vorausplanen und gestalten lässt. Die zahlreichen Chancen, die die Simulationstechnik für produzierende Unternehmen bietet, hat die Simulation in den letzten Jahren zu einer Schlüsseltechnologie für die Planung, Analyse und Optimierung von Produktionssystemen heranwachsen lassen.

These 19 *Modelliere, was modellierbar ist und mache modellierbar, was noch nicht modellierbar ist.*

Prozesse folgen generell dem mathematisch bzw. informationstechnisch darstellbaren Gesetz $0 = f(I)$. Output ist eine Funktion des Inputs. Bei einfachen Prozessen ist diese Funktion relativ leicht zu generieren. Z.B. wird bei einer Erwärmung oder einer Vermischung die Funktion f durch eine Zeitdauer und Energiezufuhr geregelt.

Der Begriff Modell bedeutet ein Bild der Realität unter einem bestimmten Blickwinkel. Durch Modelle wird die Planung, Gestaltung, Dimensionierung, Organisation und Steuerung technologischer Prozesse möglich.

These 20 *Produktionsprozesse, die eine hohe Komplexität mit Interdependenzen der Einflussparameter aufweisen, sind ohne den Einsatz informationstechnischer Modellbildung weder sicher planbar, noch im Ablauf analysierbar.*

In der Produktion simuliert man bereits dynamische Abläufe von einfachen Umformungsarbeiten über die Logistik bis hin zu den dazugehörigen Entwicklungs- und Geschäftsprozessen. Die Berücksichtigung des zeitlichen Verhaltens von Produktionsprozessen und damit Vorhersagen von Betriebskenngrößen erfolgt durch Ereignissimulation. Die Modellierung von kontinuierlichen und zwangsweise geführten Prozessen (Bewegungs-, Prozeßsimulation) oder in der Produktentwicklung (Digital Mock-up, FEM-Simulation, Mehrkörpersimulation usw.), erfolgt über klassische mathematische Zusammenhänge mit Bilanzgleichungen, Kinematik, Regelung etc.

Die Komplexität der Modellerstellung in der Ereignissimulation ist wesentlich höher.

3.5.1 Grundlagen und Definitionen

Definition 16 *Simulation: Nach der VDI-Richtlinie 3633 (1993) ist Simulation das Nachbilden eines Systems mit seinen dynamischen Prozessen in einem experimentierfähigen Modell, um zu Erkenntnissen zu gelangen, die auf die Wirklichkeit übertragbar sind. Eine andere weit verbreitete Definition nach Robert E. Shannon(Texas A & M University) beschreibt Simulation als den Prozess der Modellbeschreibung eines*

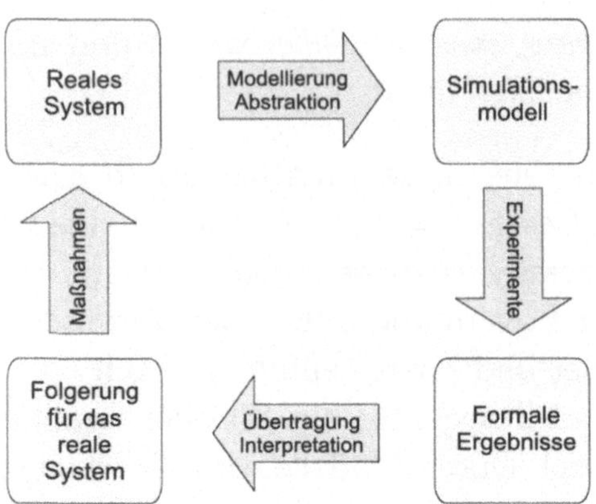

Bild 3.14: Grundbegriffe der Simulationstechnik

realen Systems und des anschließenden Experimentierens mit diesem Modell mit der Absicht, entweder das Systemverhalten zu verstehen oder verschiedene Strategien für Systemoperationen zu entwickeln.

Die Zusammenhänge zwischen dem realen System, dem Simulationsmodell, den Ergebnissen der Simulation und den Folgerungen für das reale System sind in (Bild 3.14) dargestellt.

Der geeignete Einsatz der Simulationstechnik bietet für ein Unternehmen eine Reihe von Vorteilen und Chancen:

- Durch die Nutzung geeigneter Simulationswerkzeuge kann die Analyse und Optimierung von komplexen Produktionssystemen effizient unterstützt werden. Dabei können neue bzw. modifizierte Prozesse oder Zukunftsszenarien eines Unternehmens mit geringem Aufwand in einem realen Umfeld simuliert werden. Die Ergebnisse der Veränderung sind damit bereits vor der Umsetzung qualitativ und quantitativ bewertbar.

- Geeignete Simulationsmodelle erleichtern die Aufdeckung von Verbesserungspotentialen und Schwachstellen im Prozess (z.B. Material- und Ressourcenengpässe) und ermöglichen eine optimale Gestaltung der Ressourcenauslastung. Da die Auswirkungen bei Veränderungen durch die Simulation unmittelbar in Erscheinung treten, wird eine interaktive Optimierung der Prozesse möglich.

- Werden bei der Modellerstellung die entstehenden Prozesskosten mitmodelliert, können die Auswirkungen von Modelländerung automatisch durch die entstandenen Kosten bewertet werden. Eine dafür gut geeignete Methode ist die Prozesskostenrechnung (Activity Based Costing). Durch die Kostenmodellierung wird eine sofortige Quantifizierung der Kostenauswirkungen von Unternehmensentscheidungen (Prozessänderungen, Zukunftsszenarien, Anzahl Fertigungslinien, etc.) möglich. Diese Art der Modellierung und ein praktisches Beispiel sind in Kapitel 7.2 beschrieben.

- Ein nicht zu vernachlässigender Vorteil von Simulationsmodellen ist, dass durch die Erstellung eines Simulationsmodells die wesentlichen Abläufe im Unternehmen dokumentiert werden. Dadurch entsteht eine einheitliche, abteilungsübergreifende Wissensbasis der Unternehmensprozesse. Viele Simulationswerkzeuge ermöglichen die automatische Generierung von „Reports", mit denen das Modellwissen in strukturierter Form ausgegeben werden kann.

- Eine realitätsgetreue Visualisierung der Abläufe durch Animation führt zu einem besseren Verständnis der Dynamik der Geschäftsprozesse und macht die Abläufe für den Benutzer nachvollziehbarer.

Die angeführten Vorteile der Simulationstechnik können nur dann erreicht werden, wenn die Simulationsstudie sorgfältig durchgeführt wird. Folgende Problembereiche sind für eine erfolgreiche Anwendung von Simulation entscheidend:

- Der richtige Zeitpunkt für den Simulationseinsatz: Simulationsuntersuchungen werden oft zu spät, d.h. kurz vor Abschluss der Planungsphase in Auftrag gegeben. Die Wirksamkeit der Simulation steigt, wenn man sie früh genug einsetzt.

- Eine ausführliche Analyse des Ist-Zustandes, klare Zielsetzungen und eine gute Vorbereitung des Simulationsprojektes.

- Gute Fachkenntnisse über Simulation (Kenntnisse über Simulation allgemein, über die verfügbaren Ressourcen, über das zu modellierende System, über alternative Lösungsmöglichkeiten, etc.).

- Geeigneter Detaillierungsgrad des Simulationsmodells.

- Entsprechende Menge, Qualität und Form der Eingabedaten.

- Effektive Kommunikation zwischen allen beteiligten Personen/Abteilungen.

- Geeignetes Simulationswerkzeug.

- Sorgfältige Modellvalidation.

- Sorgfältige Planung der Simulationsexperimente.

- Richtige Interpretation der Simulationsergebnisse.

- Gute Dokumentation der Simulationsstudie.

Rechnergestützte Simulationswerkzeuge müssen in der Lage sein, die Unternehmensprozesse in übersichtlichen und leicht verständlichen Modellen abzubilden. Dazu ist die Möglichkeit der Hierarchisierung wichtig. Viele Simulations-Tools erlauben Modelle mit unbegrenzt vielen Hierarchiestufen.

Eine weitere wichtige Eigenschaft von Simulationswerkzeugen ist das Vorhandensein einer mächtigen Simulationssprache (bzw. einer Schnittstelle zu einer Simulations- oder Programmiersprache). Eine Marktanalyse des Instituts für flexible Automation von Softwaretools für die Geschäftsprozessmodellierung zeigte, dass viele Tools nur eine Erstellung von Modellen mithilfe vordefinierter Bausteine und die Parametrisierung dieser Modellelemente ermöglichen. Bei der Abbildung von komplexen, realen Prozessen stößt man dabei sehr schnell an Grenzen. Durch eine allgemeine Simulationssprache ist es möglich, Bausteine und Abläufe frei zu programmieren, wodurch die Software für viele Problemstellungen einsetzbar wird.

Andere Merkmale, die ein gutes Simulationswerkzeug aufweisen sollte, sind Schnittstellen zu Tabellenkalkulations- und Textverarbeitungsprogrammen sowie zu Datenbanken, Objektorientierung, die Verfügbarkeit von automatisierten Analysen, die Möglichkeit der Generierung von automatischen Reports, etc.

Definition 17 *Diskrete Prozesse: sind Prozesse, deren Zustandsvariablen sich nur zu definierten Zeitpunkten verändern. Beispielsweise ändert sich die Anzahl der offenen Aufträge in einem Produktionssystem jeweils* *mit dem Eintreffen eines neuen Auftrages bzw. mit der Auslieferung eines Produktes.*

Definition 18 *Kontinuierliche Prozesse: Prozesse deren Zustandsvariablen sich kontinuierlich mit der Zeit ändern. Als Beispiel sei ein Trockenofen angeführt, dessen Temperatur sich in der Praxis nur stetig ändern kann.*

Die meisten produktionstechnischen Prozesse lassen eine Mischform aus diskretem und kontinuierlichem Verhalten erkennen, wobei für eine bestimmte Betrachtungsweise oder bei einem bestimmten Abstraktionsgrad häufig eine Verhaltensform dominiert und zur Klassifikation herangezogen wird. Soll z. B. eine Roboter-Station auf Kollisionsmöglichkeiten untersucht werden, so wird man sich auf den kontinuierlichen Bewegungsvorgang konzentrieren und ihn mittels Bewegungssimulation abbilden. Soll hingegen das logistische Zusammenwirken der gleichen Station im Verbund einer größeren Anlage untersucht werden, so wird man die Station als diskretes System auffassen, welches durch eine definierte Taktzeit beschrieben wird, und sich keine Gedanken über die Bewegungen innerhalb der Roboter-Zelle machen.

In (Bild 3.15) ist die prinzipielle Funktionsweise eines diskreten Ereignissimulators, oft auch Eventsimulator genannt, veranschaulicht.

Die Ausführung eines Simulationslaufes beginnt zum Zeitpunkt 0 mit dem Aufruf der Initialisierungsroutine durch das Hauptprogramm. Diese setzt zunächst die Simulationszeit auf 0 bzw. auf einen definierten Startwert und initialisiert in weiterer Folge den Systemstatus, die Statistikmonitore und schließlich die Event-Liste. Nach dem Rücksprung zum Hauptprogramm wird von diesem die Timing-Routine aufgerufen, welche den nächsten auszuführenden Event bestimmt und anschließend die Simulationszeit auf den Ausführungszeitpunkt dieses Events setzt. Dies erklärt das bei Ereignissimulatoren typische, sprunghafte Fortschreiten der Simulationszeit, das gleichzeitig die hohe Ausführungsgeschwindigkeit von diskreten Simulationsmodellen ermöglicht. Nun ruft das Hauptprogramm die von der Timing-Routine vorgegebenen Event-Routine, welche ihrerseits drei typische Aktionen setzt:

- Zunächst wird der Systemzustand entsprechend dem auszuführenden Event-Code aktualisiert (z. B. Verlagern eines Entities von einer Station zur nächsten, Belegen einer Ressource, Setzen einer Variablen etc.).

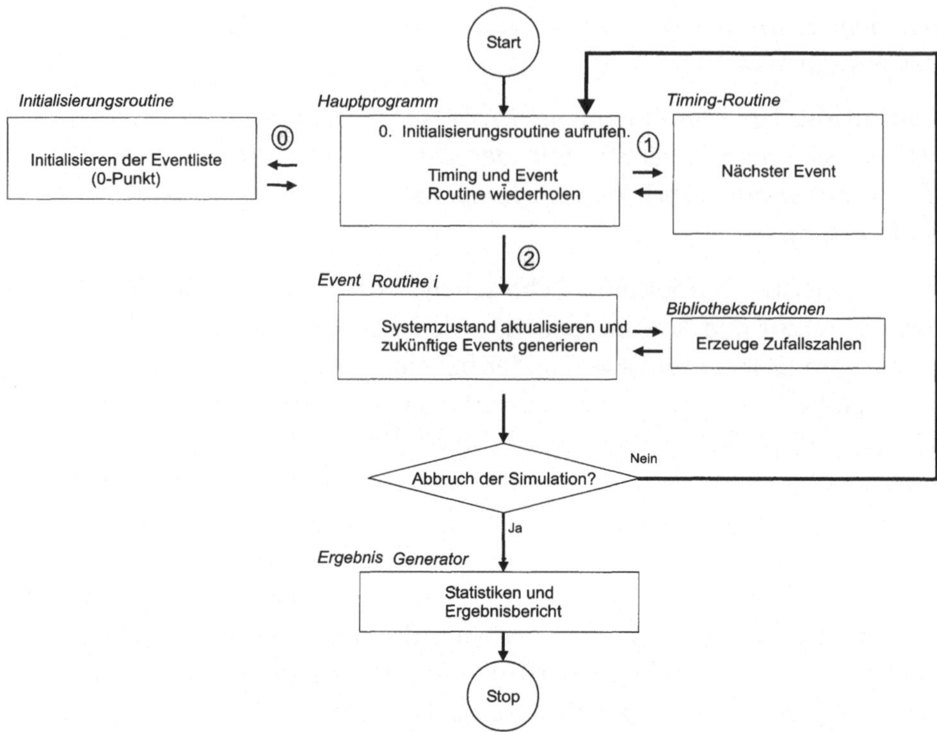

Bild 3.15: Internes Funktionsprinzip eines Ereignissimulators

- Anschließend werden die Statistikmonitore entsprechend dem aktuellen Systemzustand aktualisiert (z. B. Berechnen der Minimum-
  , Mittel- und Maximumwerte).

- Schließlich werden neue Events (z. B. das Freigeben einer Ressource und Weiterleiten eines Entities nach Ablauf der Bearbeitungszeit) generiert und in die Event-Liste eingetragen.

Bibliotheksfunktionen werden bei Bedarf aufgerufen, um z. B. Zu-
fallszahlen zu generieren. Diese Zufallszahlen können dann als Basis einer
Verteilungsfunktion für die Bestimmung der Ausführungszeit eines neuen
Events herangezogen werden. Nach dem Ausführen einer Event-Routine
wird in der Regel vom Hauptprogramm überprüft, ob die Simulation
gestoppt werden soll, wie dies z. B. beim Erreichen einer eingestellten
Beobachtungszeit oder einem Mangel an neuen Events der Fall wäre.
Wenn ja, wird der Ergebnisgenerator aufgerufen, der die aufgezeichne-

ten Statistikwerte einer Vorauswertung unterzieht und einen Report generiert. Stehen hingegen weitere Events an, wird vom Hauptprogramm erneut die Timing-Routine aufgerufen, welche wiederum die Events neu sortiert und den als nächsten auszuführenden bestimmt.

Je nach Implementierung des Simulationsalgorithmus lassen sich bei der diskreten Ereignissimulation folgende häufig anzutreffende Modellierungsarten unterschieden:

- Ereignisorientierte Modellierung: Das Modell besteht aus einer Menge von Ereignissen (Events), welche wiederum neue Ereignisse generieren können. Der Modellierer definiert ein System durch Beschreiben der entsprechenden Ereignisroutinen. Bei dem in Bild 3.16 gezeigten Beispiel wird als erster Event eines Simulationslaufes E1 aufgerufen, welcher im Zuge seiner Ausführung die Events E2 und E3 in die Event-Liste einträgt. Nach Abschluss von E1 wird zur Ausführungszeit von E2 gesprungen und der Event-Code von E2 ausgeführt, welcher wiederum die Events E4 und E5 in die Liste einträgt usw.

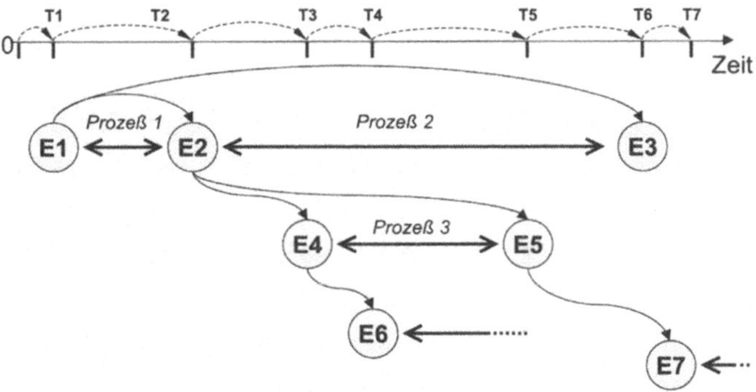

Bild 3.16: Prozessorientierte und ereignisorientierte Modellierung

- Prozessorientierte Modellierung: Bei dieser Art der Modellierung beschreibt der Modellierer den Fluss von Objekten (Entities) durch das System. Ein Entity durchläuft das System solange, bis es verzögert wird, eine Aktivität setzt (z. B. auf das Freiwerden einer Ressource wartet) oder aus dem Modell entfernt wird (z. B. Auslieferung eines Produktes). Die prozessorientierte Modellierung kann

mit dem Erstellen eines Flussdiagramms des betrachteten Prozesses verglichen werden. Die prozessorientierte Modellierung lässt
sich eins zu eins in eine ereignisorientierte Struktur überführen
und vice versa. So lassen sich in Bild 3.16 die Events E1 und E2
als der Beginn und das Ende des Prozesses 1 interpretieren, welche
bei einer prozessorientierten Beschreibung durch eine Zeitverzögerung (z. B. durch den Delay-Block in Bild 3.17) beschrieben wird.

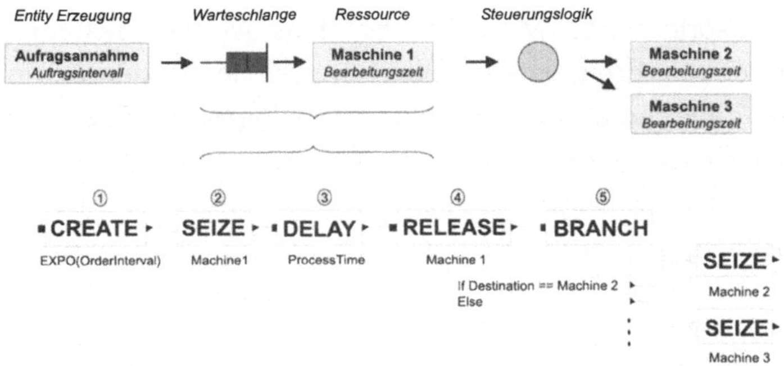

Bild 3.17: Prozessorientierte Modellierung einer einfachen Warteschlange

- Aktivitätsorientierte Modellierung: Bei dieser Modellierungsart
  wird die Simulationszeit in fixen Intervallen weitergeschaltet. Der
  Modellierer definiert die Start- und Stop-Bedingungen einer Aktivität eines Prozesses, welche bei jedem Zeitfortschritt überprüft
  werden und die entsprechenden Aktivitäten starten oder unter-
  brechen. Durch die Verwendung eines fixen Zeitintervalls eignet sich diese Art der Modellierung gut für kombinierte diskre-
  te/kontinuierliche Modelle. Die Länge der Intervalle beeinflusst
  jedoch nicht nur die Ausführungsgeschwindigkeit, sondern auch
  die Genauigkeit der Ergebnisse.

Typische Modellkomponenten bei einer prozessorientierten Betrachtungsweise:

- Entities sind dynamische Objekte in einem Simulationsmodell. Sie
  repräsentieren z. B. Komponenten auf ihrem Weg durch eine Montagelinie oder Waren in einem Verteilzentrum. Entities durchlaufen die Simulationslogik, ändern ihren Status, beeinflussen andere

Entities oder den Systemstatus und werden durch andere Entities oder den Systemstatus beeinflusst. Entities können bei Bedarf generiert, vervielfältigt oder vernichtet werden.

- Attribute charakterisieren ein Entity durch ihren Wert und werden als Informationsträger eingesetzt. Jedes Entity im Modell verfügt über ein unabhängiges Set von Attributen.

- Ressourcen repräsentieren Service-Objekte, wie Maschinen, Personal oder Pufferplätze, welche von Entities belegt und freigegeben werden können.

- Warteschlangen dienen zum Aufnehmen von Entities, welche einem Warteprozess, z. B. dem Warten auf das Freiwerden einer Ressource, unterzogen sind.

- Steuerungslogik: Dient zur Steuerung des Entity-Flusses durch den Prozess und beinhaltet unter anderem Verzweigungen, Schleifen oder die Möglichkeiten zur Vervielfältigung von Entities usw.

- Statistikmonitore dienen zum gezielten Aufzeichnen von Statistiken und überwachen z. B. Variable oder einzelne Attribute. Beispiel für die Anwendung von Statistikmonitoren ist die Auswertung von Zählerständen.

- Ereignisverwalter: Dient zur Steuerung des Simulationslaufes, generiert Events und überwacht die Ausführung der einzelnen Event-Routinen. Von ihm wird u. a. die Ausführung von Replikationen, das Initialisieren des Modells und der Statistikmonitore zu Beginn einer Simulation, das (optionale) Initialisieren der Statistikmonitore am Ende der Aufwärmzeit sowie das Generieren der Ergebnisberichte am Ende jeder Replikation veranlasst.

Bild 3.17 zeigt die Modellierung eines einfachen Warteschlangensystems in einer prozessorientierten Darstellungsweise unter Verwendung der diskreten Simulationssprache SIMAN bzw. der darauf aufbauenden Simulationsumgebung Arena [KeltonSadowski..98]. Abgebildet wird das Eintreffen von Aufträgen, welche an einer Maschine bearbeitet und anschließend entsprechend dem Zustand einer globalen Variablen zu einer von zwei nachfolgenden Maschinen weitergeleitet werden. Mit dem Create-Block werden wiederholt Entities (Aufträge) generiert, wobei für das Intervall eine Exponentialverteilung zur Anwendung kommt. Mit dem darauf folgenden Seize-Block wird das Entity zunächst in einer Warteschlange abgelegt, bevor versucht wird, die gewünschte Ressource (Maschine 1) zu belegen. Sobald die Maschine frei ist, wird das Entity im Delay-Block einer Verzögerung (entspricht der Prozesszeit) unterzogen. Nach Verstreichen dieser Zeit wird mit dem Release-Block die belegte Ressource wieder freigegeben und das Entity ohne weitere Verzögerung über den Branch-Block zum nächsten Seize-Block weitergeleitet.

3.5.2 e-Prototyping ohne reale Grenzen

Im Zuge der Modellerstellung ist man gezwungen, sich schon frühzeitig und intensiv mit dem zu planenden Prozess und dessen Details auseinander zusetzen, eine Notwendigkeit, welche das Problemverständnis wesentlich begünstigt.

These 21 *Das Lernen an einem frei experimentierbaren Modell ohne reale Grenzen fördert Kreativität und innovative Lösungen: Eine Art Sandkastenspiel, um ein System - sei es nun eine Layoutvariante, eine neue Steuerungsstrategie oder ein geänderter Liefertermin - im Detail und ohne Risiko zu erproben.*

Simulation als eine Art „Electronic Prototyping" bietet viele Vorteile, von denen im folgenden jene angeführt werden sollen, welche speziell den Bereich der Produktion betreffen: Ein Modell ist jederzeit verfügbar, um das Systemverhalten zu erforschen: Während der Analyse einer Anlage kann es aus den verschiedensten Gründen immer wieder Verständnisprobleme kommen. In einer solchen Situation stellt die Simulation dem Planer eine Art Spielwiese zur Verfügung, mit deren Hilfe er sein Problem unter frei wählbaren Randbedingungen jederzeit empirisch analysieren kann, ohne auf eine reale Testanlage angewiesen zu sein.

Simulation ist auch für Systeme geeignet, bei denen konventionelle Analysemethoden versagen: Ein wesentlicher Grund für den Einsatz von Simulation ist die Tatsache, dass für viele reale Systeme zwar mathematische Beschreibungsmethoden, aber keine analytischen Lösungsansätze existieren. Simulationswerkzeuge erlauben mit ihren numerischen Berechnungsverfahren auch solche Systeme in einem experimentierbaren Modell abzubilden.

Weiters erlaubt Simulation das Prozessverhalten spielerisch und vor allem ohne reale Beschränkungen (z. B. Belastungsgrenze einer Maschine) zu erforschen und fördert dadurch die Kreativität des Entwicklers. Durch die große Breite an Gestaltungsmöglichkeiten und durch die Möglichkeit, Ideen rasch umzusetzen, werden mit Simulation viel öfters auch „verrückte" Ideen ausprobiert und weiterverfolgt. Und gerade dieses Ausprobieren unkonventioneller Ansätze beinhaltet ein großes, bisher viel zu wenig genutztes, Innovationspotential.

Keine Gefahr von Anlagenbeschädigung oder Produktionseinbußen: Jede Änderung an einer laufenden Anlage, wie z. B. das Ausprobieren einer neuen Steuerungsstrategie, ist mit dem Risiko verbunden, statt der erwarteten Produktionssteigerung eine Verschlechterung der Situation herbeizuführen, oder gar die Anlage vorübergehend stillzulegen. Dies ist auch ein Grund, warum vielfach nach dem Motto „Never change a winning team (system)" gearbeitet wird, und Verbesserungsvorschläge aus Angst vor Produktivitätseinbußen oder -ausfällen gar nicht erst ausprobiert werden. Eine Simulationsstudie erfordert hingegen keinen Eingriff in eine Anlage und gefährdet daher auch keine Produktion.

3.5.3 Iterative Prozessverbesserung durch Simulationseinsatz

Generell kann die simulationsgestützte Analyse bzw. das Durchführen einer Simulationsstudie als iterativer Optimierungsprozess aufgefasst werden, der zyklisch bis zum Erreichen eines vorgenommenen Zieles durchlaufen wird (siehe dazu auch Bild 3.18 als Vorgehensmodell für einen Iterationszyklus).

Dabei wird zunächst, ausgehend von einer detaillierten Untersuchung des realen Prozesses, ein Computermodell erstellt. Um den Modellierungsaufwand in Grenzen zu halten, wird die Realität nur soweit nachgebildet, wie dies zur Lösung des Problems unbedingt notwendig ist. Mit Hilfe des Modells können in der Folge Experimente durchgeführt werden, deren Resultate zu neuen Erkenntnissen über das beobachtete System und daraus resultierend zu Verbesserungsvorschlägen im Sinne einer Optimierung führen sollen.

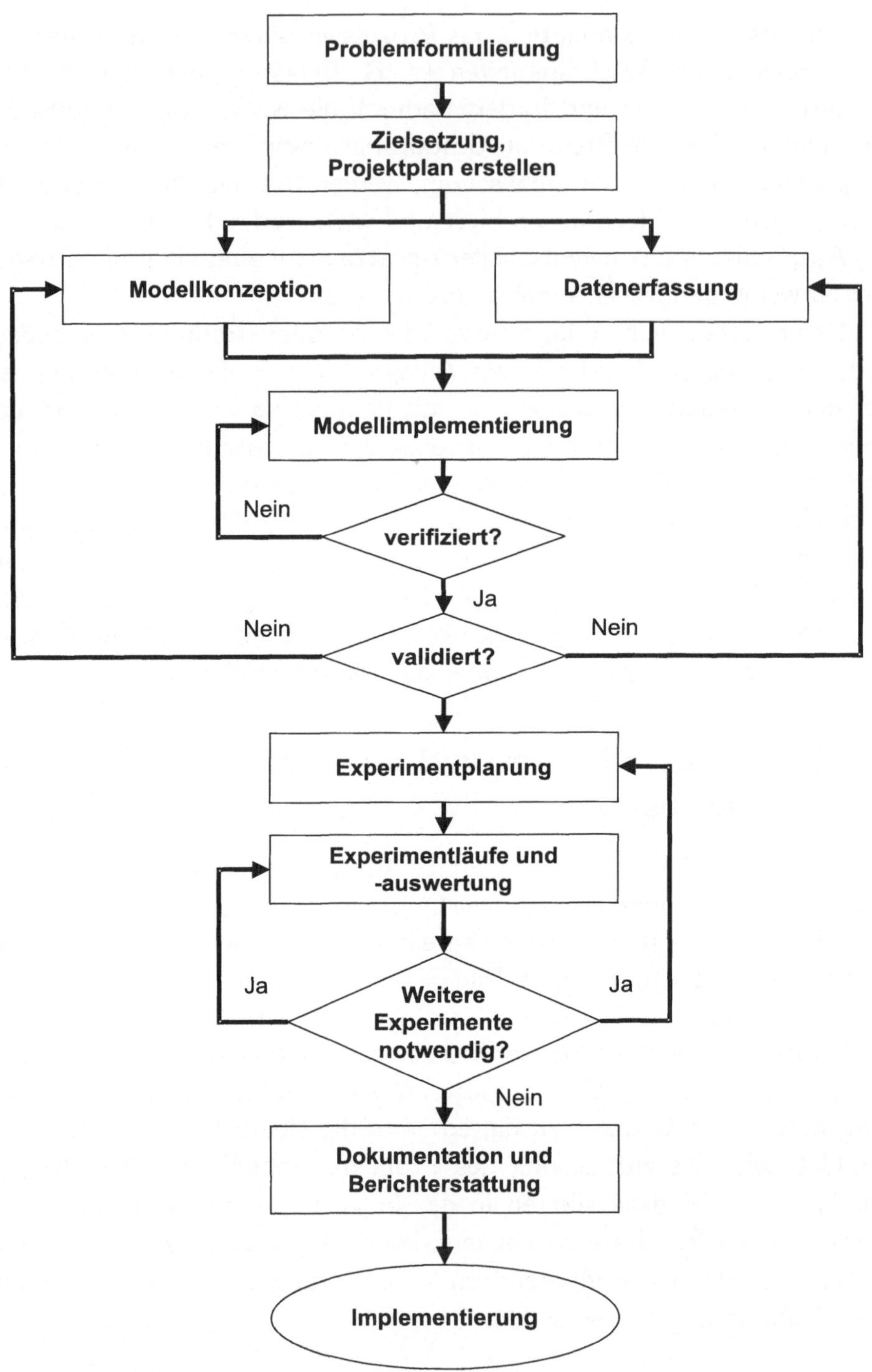

Bild 3.18: Vorgehensweise für eine Simulationsstudie

Ein auf diese Weise schrittweise optimiertes System (bzw. dessen Planungsentwurf) kann nun erneut einem Simulationszyklus zugeführt werden, wobei der Verbesserungsvorgang zyklisch bis zum Erreichen eines bestimmten Abbruchkriteriums (z. B. keine nennenswerte Einsparungen zwischen zwei aufeinanderfolgenden Modellvarianten) wiederholt wird.

Die Iterationen können dabei im Sinne einer holistischen, d. h. ganzheitlichen, Simulationsunterstützung (siehe Bild 3.19) in allen Phasen des Lebenszykluses (horizontale, prozesskettenübergreifende Integration) eines Systems angewendet werden, wobei vor allem die in Bild 3.19 dargestellten Aufgaben im Vordergrund stehen.

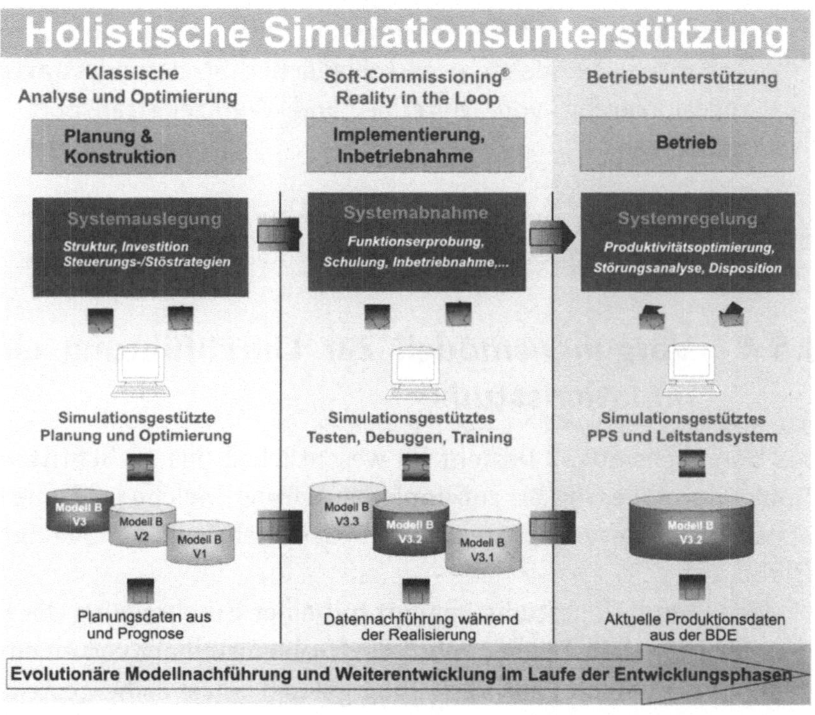

Bild 3.19: Ganzheitliche Simulationsunterstützung im Lauf der Entwicklungsphasen

These 22 *Durch den Einsatz von Simulation lässt sich das dynamische Verhalten komplexer Systeme korrekt abbilden und im Detail analysie-*

ren, ein wesentlicher Vorteil gegenüber traditionellen statischen Analysen und Bilanzierungen.

An einem Modell lassen sich unter anderem folgende Problemstellungen unter vollständiger Berücksichtigung dynamischer Effekte untersuchen:

- Fertigung: Scheduling, Rüstzeitminimierung, Kapazitäts-, Auslastungs- und Durchlaufzeitoptimierung, ...

- Montage: Materialversorgung, Pufferoptimierung, Personaleinsatzstrategien, Entwicklung und Testen von Entstörstrategien, ...

- Produktions- und Betriebslogistik: Optimierung von Transportkapazitäten, Vergleich unterschiedlicher Steuerungsstrategien, Dimensionierung von Material- und Werkzeugtransport, Leerguthandling, ...

- Organisation: Analyse und Optimierung organisatorischer Abläufe (Business Process Reengineering), ...

3.5.4 Vorgehensmodell zur Durchführung einer Simulationsstudie

Das Vorgehensmodell besteht im wesentlichen aus 12 Schritten von der Problemformulierung bis zur Implementierung, welche im Sinne eines iterativen Verbesserungsprozesses teilweise mehrfach durchlaufen werden (Bild 3.18).

Jede Simulationsstudie beginnt mit einer Beschreibung des Problems bzw. der Aufgabenstellung. Wird die Problemstellung von einem Kunden (z. B. als Lastenheft) zur Verfügung gestellt, muss sichergestellt werden, dass diese vom Analytiker vollständig verstanden und in gleicher Weise aufgefasst wird wie vom Kunden. Wird umgekehrt die Problemstellung vom Analytiker beschrieben (vgl. Pflichtenheft), ist diese vom Kunden zu prüfen und zu bestätigen.

Im Zuge der Zielsetzung werden jene Fragen konkretisiert und definiert, welche mit der Simulationsstudie beantwortet werden sollen. Der Projektplan beinhaltet den Aufwand in Form von Zeit, Personal, Hard- und Software, definiert die Meilensteine und regelt die Kommunikation zwischen allen Beteiligten. Er beschreibt die zu untersuchenden Szenarien, die gewünschten Bewertungsverfahren und definiert die auszuführenden Untersuchungsschritte sowie die zu beobachtenden Größen.

Die Modellkonzeption legt fest, welche Systemkomponenten in das Simulationsmodell aufgenommen werden müssen, um die geplanten Experimente durchführen zu können. Daran anschließend wird das reale System im Rahmen der Systemanalyse durch ein konzeptionelles Modell, d. h. durch eine Reihe von mathematischen und logischen Beziehungen aller Komponenten sowie der Systemstruktur, beschrieben und abstrahiert.

In der Modellimplementierung erfolgt die Umsetzung des konzeptionellen Modells in ein ausführbares Computerprogramm, wobei für diskrete Ereignismodelle spezielle Simulationssprachen bzw. Entwicklungsumgebungen zur Verfügung stehen.

Im Zuge der Verifikation wird das Modellkonzept auf eine korrekte Programmierung, d. h. auf logische, semantische und syntaktische Fehler überprüft, oder anders ausgedrückt, es wird kontrolliert, ob das Modell korrekt aufgebaut wurde.

Bei der Validierung steht die Frage im Vordergrund, ob das „richtige" Modell gebaut wurde, d. h., ob eine hinreichende Übereinstimmung mit der Realität vorliegt. Kernfrage ist, ob das Modell so funktioniert, wie es sich der Auftraggeber (der Prozessexperte, die Planungsabteilung usw.) vorstellt. Als Abschluss des Validierungsprozesses muss das Modell vom Auftraggeber abgenommen und für die Durchführung der Experimente freigegeben werden.

Bei bestehenden Anlagen lassen sich Modellierungsfehler zumindest relativ rasch durch einen Vergleich der Simulationsergebnisse mit realen Betriebsdaten erkennen. Sind keine Vergleichsdaten verfügbar, muss versucht werden, mittels Plausibilitätsüberlegungen, Sensitivitätsanalysen oder statistischen Verfahren mögliche Modellfehler zu detektieren. Dabei ist zu beachten, dass jedes Modell aufgrund der vorgenommenen Vereinfachungen nur eine Näherung der Realität darstellt und die Ergebnisse der Simulationsexperimente daher nur innerhalb eines gewissen Toleranzbereiches mit den realen Daten übereinstimmen.

Der letzte Schritt einer erfolgreichen Simulationsstudie bleibt schließlich der Umsetzung am realen System vorbehalten. Dabei ist zu beachten, dass im Modell Vereinfachungen und Annahmen getroffen wurden, welche das Modell vom realen System abweichen lassen und die Ergebnisse bzw. Schlussfolgerungen vor ihrer Anwendung entsprechend an die realen Bedingungen angepasst werden müssen.

3.5.5 Beispiel einer Simulationsstudie für einen Montageprozess

Für den Planer stellen sich folgende Fragen:

- Wie wirken sich unterschiedliche Layoutvarianten (Anordnung von Nacharbeitsstationen, Parallelstationen, Pufferzonen, Komponentenbereitstellung usw.) oder alternative Steuerungs- und Logistikkonzepte auf die Produktivität, Qualität und Wirtschaftlichkeit aus?

- Wie sollen Personaleinsatzstrategien und Schichtpläne gewählt werden?

- Wie müssen die Parameter einer Anlage (Taktzeiten, Länge der Pufferstrecken, Anzahl an verfügbarem Personal, Anzahl der Palettenträger usw.) gewählt werden, um eine möglichst hohe Produktivität, kurze Durchlaufzeit bzw. Termintreue oder eine hohe Ressourcenauslastung zu gewährleisten?

- Mit Hilfe von Sensitivitäts- und Störungsanalysen gilt es zu untersuchen, wie sich Taktzeitschwankungen, Kurzzeitstörungen oder Versorgungsengpässe auswirken.

Problembeschreibung: Bei der Montagelinie handelt es sich um ein staufähiges Bandumlaufsystem mit Paletten als Werkstückträger. Die Beschreibung erfolgt anhand der nachstehenden Bilder:

Berücksichtigt man, dass jeweils mehrere Montageplätze (Sta3, Sta4, bei Bedarf auch Automatikstation Sta1) von einem Mitarbeiter bedient werden oder dass nur eine begrenzte Anzahl von Instandhaltungspersonal zur Entstörung von Stationen (Sta1, Sta2, Sta4) bereitsteht (Bild 3.20), so wird ersichtlich, dass die einzelnen Stationen nicht nur linear über das Bandsystem miteinander verkoppelt, sondern auch über die Mitarbeiter miteinander vernetzt sind.

Schließlich ergibt sich, wie in Bild 3.21 gezeigt, eine Verwirbelung der Aufträge durch die Anordnung von Nacharbeitsstationen (Na1). Dabei werden bei Montageproblemen die Paletten aus dem Hauptumlauf

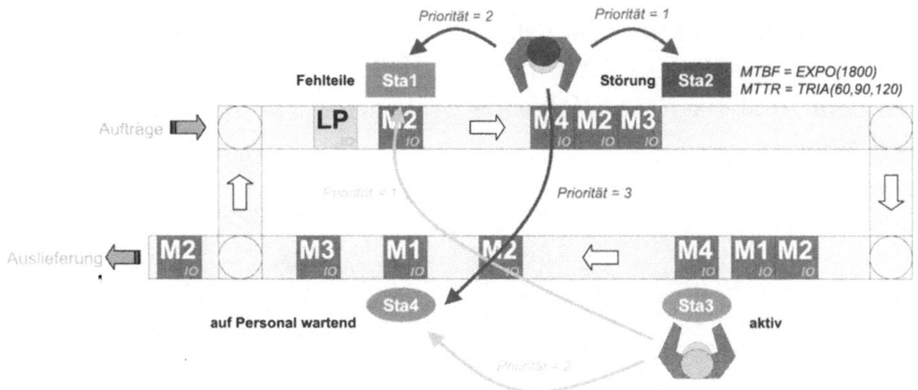

Bild 3.20: Problemstellung bei der Analyse einer Montagelinie: Verkopplung der Stationen über Personal

ausgeschleust, einer Nacharbeitsstation zugeführt und nach erfolgreicher Reparatur wieder in den Hauptumlauf zurückgeschleust und auf kürzestem Weg zu jener Station transportiert, bei der das Montageproblem aufgetreten ist. Von dort aus wird die Palette wieder in den Regelablauf übernommen.

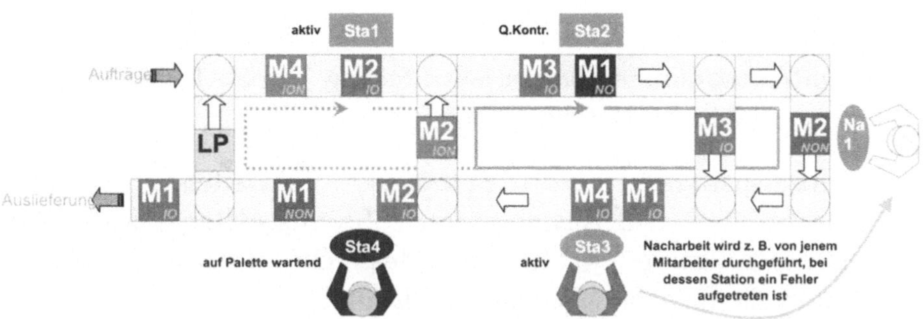

Bild 3.21: Problemstellung bei der Analyse einer Montagelinie: Nichtlinearer Montageablauf

Zur Beantwortung der gestellten Fragen eignet sich ein parametrisches Simulationsmodell, an welchem das Systemverhalten im Detail untersucht werden kann. Bild 3.22 zeigt einen Ausschnitt aus der Animation des Simulationsablaufes. Neben Präsentationszwecken dient die

Animation vor allem zur Modell-Verifikation sowie zur visuellen Analyse des Palettenverlaufes. Als Eingabeparameter bzw. Freiheitsgrade stehen dem Analytiker u. a. folgende Größen für Optimierungszwecke zur Verfügung:

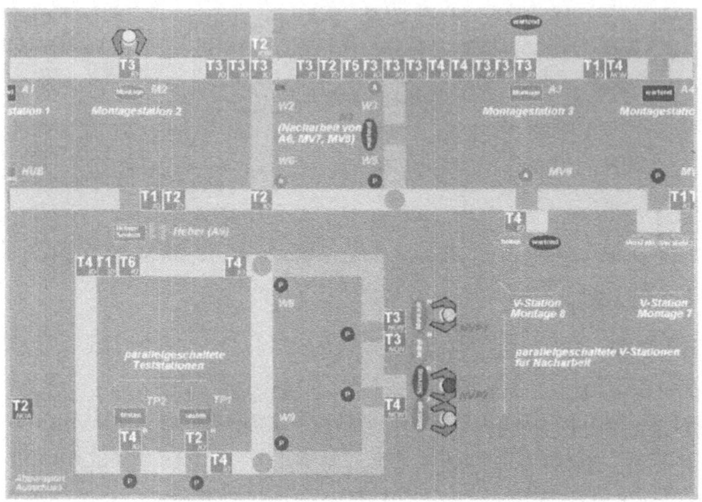

Bild 3.22: Ausschnitt einer graphischen Animation einer Montagelinie

- Auftragsparameter: Variantenverteilung (variabel über der Zeit), Einlastintervall, Batchgrößen.

- Prozessparameter der Stationen: Taktzeiten, Reparatur-, Nacharbeits- und Ausschussanteil, Störungsdaten („Mean Time Between Failure", MTBF und „Mean Time To Repair", MTTR), Intervalle für fehlteilbedingte Stillstände.

- Transfersystem: Bandgeschwindigkeit, Längen der Bandabschnitte (Puffer), Anzahl der Paletten.

- Personalpools: Zuordnung der Pools zu den einzelnen Stationen, Anzahl der Mitarbeiter pro Pool (Pools dürfen sich auch überlappen).

- Anforderungsprioritäten: Bedienung, Reparatur, Nacharbeit, Service.

- Experimentausführung: Experimentdauer, Aufwärmzeit, Anzahl der Replikationen.

Das Modell liefert dem Experimentator u. a. folgende direkte Simulationsergebnisse, welche im weiteren wirtschaftlich bewertet werden und als Basis für die Beurteilung eines Planungskonzeptes dienen:

- Produktivität: Ausstoß (Gutteile, Schlechtteile), Anlagenverfügbarkeit.

- Betriebsdaten: Durchlaufzeiten, Pufferbelegungen, Stationsauslastungen, Werkstückträgerauslastung, Personalstatistiken, Liege- und Wartezeiten.

- Überwachung kritischer Prozessdaten: Zeitstempel (z. B. Einhaltung von Trockenzeiten).

3.5.6 Theoretische Prozessanalyse eines kontinuierlichen Prozesses

Ausgehend von vereinfachenden Annahmen über den Prozess, die die Berechnung erleichtern oder überhaupt erst ermöglichen, wird ein System von Differentialgleichungen aufgestellt (siehe Bild 3.23). Diese Gleichungen erhält man aus:

- Bilanzgleichungen für die gespeicherten Massen, Energien und Impulse oder

- physikalisch chemischen Zustandsgleichungen oder

- phänomenologischen Gleichungen, wenn irreversible Prozesse stattfinden (z.B. Wärmeleitung oder chemische Reaktionen) und/oder

- Entropiebilanzgleichungen (wenn mehrere irreversible Prozesse stattfinden).

Durch Linearisierung und den Übergang von partiellen auf gewöhnliche Differentialgleichungen, meist auch durch eine Reduktion der Ordnung der Differentialgleichungen, erhält man ein vereinfachtes theoretisches Modell. Dieses theoretische Modell enthält den funktionalen Zusammenhang zwischen den physikalischen Daten des Prozesses und seinen Parametern.

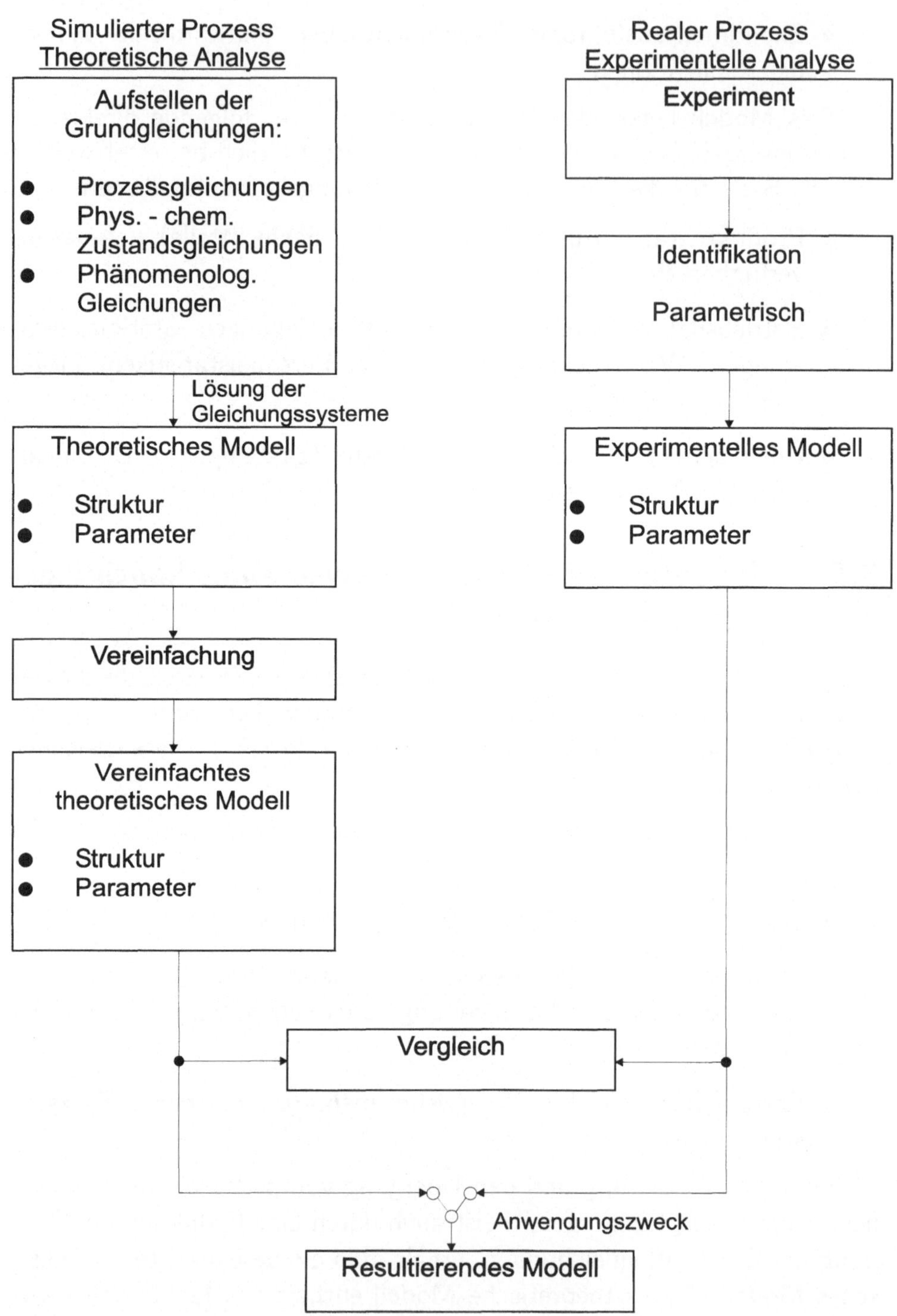

Bild 3.23: Modellbildung durch Vergleich von simulierten und realen Prozessen

Bei der *Experimentellen Prozessanalyse* wird das mathematische Modell des Prozesses aus Messungen über die Prozessidentifikation ermittelt. Man geht von a-priori-Kenntnissen (z.B. durch die Erfahrung) über den Prozess aus, und wertet gemessene Eingangs- und Ausgangssignale mit einem Identifikationsverfahren so aus, dass der Zusammenhang zwischen Eingangs- und Ausgangssignal durch ein mathematisches Modell ausgedrückt wird. Das experimentelle Modell enthält daher Zahlenwerte als Parameter, der funktionale Zusammenhang mit den physikalischen Daten bleibt unbekannt. Durch den Vergleich von theoretischem und praktischem Modell entsteht eine Rückführung in den Ablauf der Prozessanalyse. Die Prozessanalyse ist daher meist ein iterativer Vorgang.

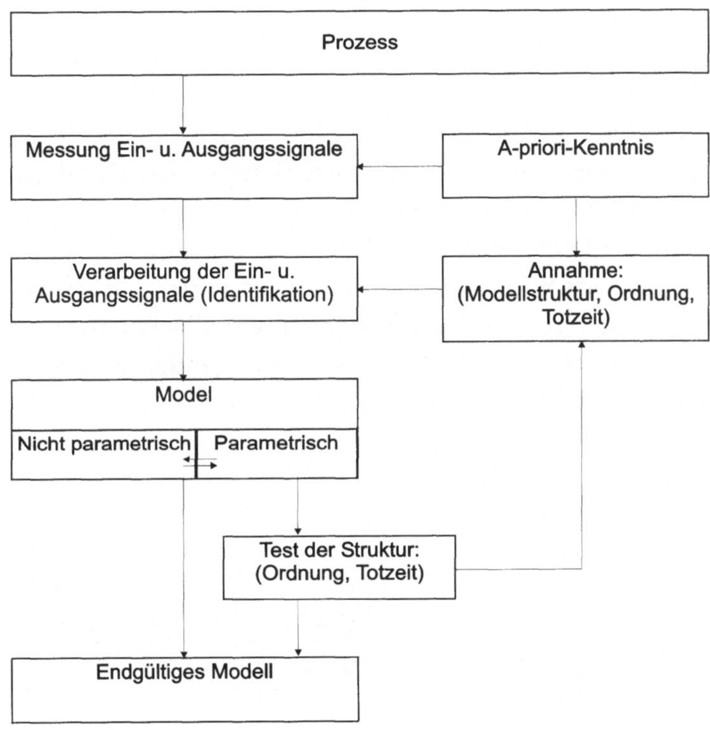

Bild 3.24: Ablauf einer Prozessidentifikation

Prozessmodelle werden unterteilt in:

- parametrische Modelle (Modelle mit Struktur): werden durch Gleichungen, in denen die Parameter explizit enthalten sind, beschrieben.

- nichtparametrische Modelle (Modelle ohne Struktur): werden durch eine Funktion, die den Zusammenhang zwischen einem bestimmten Eingangs- und Ausgangssignal darstellt, in Form einer Wertetafel oder Kurve beschrieben.

Bild 3.24 zeigt den Ablauf einer Prozessidentifikation. Unter Berücksichtigung von a-priori-Kenntnissen werden Ein- und Ausgangssignale gemessen und verarbeitet. Bei nichtparametrischen Verfahren erhält man daraus direkt das Modell, bei parametrischen Verfahren muss eine Modellstruktur vorgegeben oder bekannt sein.

3.5.7   Gütekriterien

Für die Bewertung der Performance von Prozessen gibt es eine sehr große Zahl von Bewertungs- bzw. Gütekriterien. Die Gliederung dieser Kriterien erfolgt logischerweise nach der Einteilung in Ebenen des Unternehmens gemäß Ebenenmodell Bild 3.2 Wir erkennen, dass jede Ebene eine eigene Datenstruktur hat und daher das wirtschaftliche Gütekriterium, ausgedrückt durch das Wirkungsgradverhältnis Output/Input, im allgemeinen pro Ebenen zu ermitteln ist. Im folgenden wird eine Auswahl von wichtigen Kriterien angegeben:

Zuverlässigkeit

$$R(t) = W(T > 1)$$

Diese Funktion gibt an, mit welcher Wahrscheinlichkeit Betriebszeiten T auftreten, die länger sind als ein vorgegebener Zeitraum t.

Genauigkeit

$$G = \frac{\sum(\bar{x} - x_N)}{x_{zul.max} - x_{zul.min}}$$

Grad der Übereinstimmung des Parameters $\bar{x}$ mit dem Zentrum des Toleranzbereiches und $x_N = Nennwert$.

Produktivität

$$P = \frac{n}{t}$$

Mittlere Anzahl von Erzeugnissen, die vom System in einem festen Zeitabschnitt hergestellt werden. n Menge der erzeugten Einheiten.

Mittlere Ausbeute

$$\overline{A} = \frac{n_f(t)}{n(t)}$$

Mittlere Anzahl der als gut anerkannten Erzeugnisse, bezogen auf die Gesamtanzahl der hergestellten; $n_f(t)$ Anzahl der Erzeugnisse, die den techn. Forderungen entsprechen und während der Zeit t hergestellt wurden; $n(t)$ insgesamt während der Zeit t hergestellte Erzeugnisse.

Fertigungskosten je Erzeugungseinheit

$$K = \frac{K_F}{n} + K_V$$

K_F Fixkosten zur Herstellung der Produktionsbereitschaft für n Erzeugnisse; K_V variable Kosten je Erzeugnis; umfassen direkte Materialkosten, das verbrauchte Hilfsmaterial, Stücklohn usw.

Stillstandsrate

$$\lambda_s = \frac{n_s}{n * t_s}$$

λ_s mittlere Anzahl der Prozessunterbrechungen; n_s mittlere Anzahl der Teilprozesse mit Unterbrechungen; n Anzahl der Teilprozesse; t_s mittlere Zeit zwischen zwei Unterbrechungen.

Mittlere produktive Arbeitszeit

eines (automatisierten technologischen Prozesses je Arbeitsgang usw.

$$T = \frac{\sum_{i=1}^{n} t_i}{n}$$

T Erwartungswert für die Zeit, in der das System bei einem Arbeitsgang normal funktioniert, t_i produktive Arbeitszeit bei der Durchführung des i-ten Arbeitsgangs.

Messbereichseffizienz

$$\frac{M}{A} = \frac{Messbereich}{Ansprechwert}$$

Verhältnis des realisierbaren Messbereiches eines Sensors im Verhältnis zur Auflösung (Ansprechwert), d.h. dem kleinsten angezeigten Messwert.

Stellbereichseffizienz

$$\frac{S_B}{S_S} = \frac{Stellbereich}{Stellschritt}$$

Verhältnis des maximalen Stellbereiches eines Aktors zu dem kleinsten erreichbaren Stellschritt.

Durchlaufzeit eines technischen Prozesses in der Feldebene

$$T_P = t_R + t_W + t_H + t_Q$$

t_R=Rüstzeit (Programmierung)
t_W=Wartezeit
t_H=Hauptzeit (Materialveränderungszeit)
t_Q=Zeit für Qualität/Kontrolle.

Time to Market

$$T_M = T_{PE} + T_{Log} + T_W + T_A$$

mit T_{PE}=Zeit für Produkt/Prozessentwicklung
T_{Log}=Zeit für Beschaffung von Material $+$ Information $+$ Kapazität
T_W=Wartezeit
T_A=Anführungszeit.

Flexibilität eines Fertigungsprozesses

$$F = \frac{t_p + t_R + t_v}{t_H}$$

t_p=Umplanungszeit
t_v=Verteilzeit.

Innovationsgrad

$$I_m = \frac{K_{neu}}{K_{Standard}}$$

Verhältnis des Aufwandes für neue(n) Prozess(e) zu den Kosten der Summe der unveränderten bekannten Standardprozesse.

Return on Investment

$$R_{OJ} = \frac{Gewinn}{Umsatz} * \frac{Umsatz}{Invest.Kapital}$$

Der erste Faktor stellt den Umsatzerfolg dar, der zweite den Kapitalumschlag. Bei der Multiplikation beider Faktoren ergibt sich als Produkt die jährliche Rentabilität des investierten Kapitals.

Kapitalwert

$$KW = \sum_{k=1}^{n} b_{t+k}(1 + i)^{-k}$$

Summe aller im Zeitbereich t+1 bis t+k (in Jahren) geplanten und mit einem konstanten Zinssatz i diskontierten Einnahmensüberschüsse b.

Kundennutzwert

$$NW_{Kund} = Preis - K_{Adaption}$$

Vom Einkaufspreis sind die $K_{Adaption}$, die Kosten für Implementierung, Anwendung und Schulung abzuziehen.

Kundennutzwert

$$NW_{suppl} = \sum K + \sum_{INF} + \sum_{Qual.}$$

Bei der Erzeugung eines Produktes sind quantifizierbare Kosten K (Personalkosten, Materialkosten) und Kosten für Informationsbeschaffung und Qualitätssicherung aufzubringen.

Kapitel 4

Sensoren: Erkennen - Erfassen - Bewerten

4.1 Übersicht Sensorische Prozesserfassung

Bei unserem täglichen Lebensmittelkauf ist die Wägung der eingekauften Waren eine Selbstverständlichkeit. Bevor wir bezahlen, erwarten wir eine möglichst genaue Gewichtsangabe. Bei der Zubereitung von Speisen ist es die Erfassung von Mengen und Temperaturen, die als Voraussetzung für ein gutes Gelingen erfüllt werden muss.

Grundsätzlich ähnlich geht es auch in den industriellen Prozessen zu. Der Unterschied liegt nur darin, dass es dabei um viel größere Mengen von unterschiedlichen Produkten und Messgrößen geht und die Genauigkeit meistens viel höher sein muss. Außerdem gibt es in industriellen Prozessen eine Vielzahl von Messgrößen, die sehr schwer direkt zu erfassen sind wie z.B. die Qualität einer Entwicklungsarbeit, die Benutzerfreundlichkeit eines Produktes, die Treffsicherheit einer Prozessplanung oder die Genauigkeit einer wichtigen Information.

Für zuverlässige industrielle Prozesse gilt heute mehr denn je die

These 23 *Miss, was messbar und mache messbar, was noch nicht messbar ist*

sowie die

These 24 *Beherrschbare Prozesse erfordern eindeutige Sensorik für alle Prozesseigenschaften und Betriebsdaten. Dies gilt sowohl für quantifizierbare als auch für qualifizierende d.h. eventuell nur schwer quantifizierbare Parameter.*

In den folgenden Ausführungen werden wir darstellen, dass es sich hierbei um zwei sehr wichtige Thesen handelt und wie sie realisierbar sind. Zum Problem „miss was messbar" stellen wir charakteristische Beispiele dar. Schwierig wird es erst mit den qualifizierbaren also „noch nicht messbaren" Eigenschaften, die wir im Abschnitt 4.5. dieses Kapitels behandeln.

In der These 24 werden exakt quantifizierende Messgrößen mit den oft nur qualifizierenden Betriebsdaten in eine Reihe gestellt. Ist das nicht eine riskante Vermischung von völlig ungleichen Werten? Ja, das ist riskant und schwierig, aber notwendig und zumindestens teilweise durch den Fortschritt der Informationstechnik auch lösbar.

Bild 4.1 stellt wichtigste Teilprozesse des gesamten Industriebetriebes dar und ordnet sie im Kreislauf von der Unternehmensplanung bis zum Kundeneinsatz. Jeder dieser Teilprozesse sollte durch charakteristische Messgrößen bewertet werden können.

In den Feldebenen der Teilefertigung, Montage oder Abfüllung einer Flüssigkeit ist diese Aufgabe technisch gut lösbar. Die Qualität der Fertigung eines Einzelteiles, z.B. die geometrische Toleranzhaltigkeit, ist sogar während der Bearbeitung exakt messbar. Daher ist die Einzelteilfertigung heute auch generell durch messende Regelungen beherrschbar. Ähnliches gilt für die Montagequalität, die durch Messung bestimmter Funktionsgrößen, z.B. die Fügespannung, exakt quantifizierbar ist. Auch die Logistikleistung eines Industriebetriebes ist messbar, und zwar durch Messung der Anlieferung der richtigen Menge zum richtigen Zeitpunkt.

Schon viel schwieriger sind die Produktentwicklung, Prozessentwicklung und die Leistung des Marketings zu „vermessen".

Gilt die These 24 daher nur für einzelne Teilprozesse des Systems und ist das System als Ganzes daher nicht beherrschbar? Müssen Industrieprozesse weiterhin auf Abschätzungen und Erfahrungswerte aufgebaut werden?

Wenn diese Fragen mit Ja beantwortet werden müssen, hätte dies fatale Folgen. Investitionen und aufwendige Leistungsregelungen in Teil-

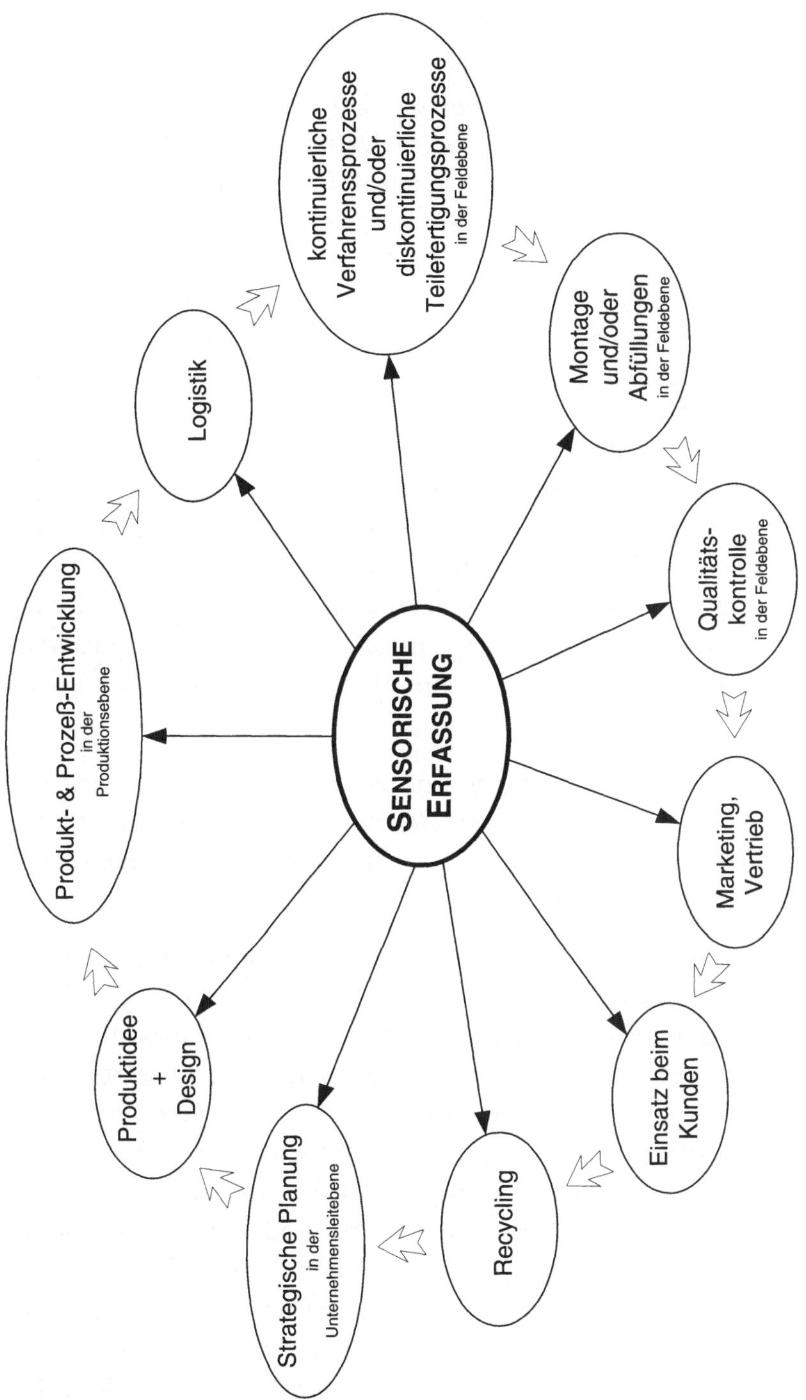

Bild 4.1: Sensorische Erfassung in allen industriellen Teilprozessen. Ohne Messung ist keine Prozessbeherrschung möglich

prozessen würden durch stochastische Zustände in anderen Teilen des Industrieprozesses mehr oder weniger obsolet werden. Leider zeigt die Industriepraxis, dass nicht beherrschbare Teilprozesse häufig aufzufinden sind. Die Rechtfertigung dieses Defizits lautet dann meist: Intuition, Know-how, Koordinierung, Entscheidungen sind eben nicht exakt messbar und sind daher von der stochastischen Güte eines Managements abhängig.

These 24 will mit diesem Vorurteil aufräumen. Deswegen haben wir zunächst in Tabelle 4.1 eine erste Übersicht über Kenndaten der Teilprozesse aufgestellt, die sehr wohl quantifizierbar sind, zumindest als Abweichung von einem Standard.

Als gutes Verfahren zur Quantifizierung von stochastischen Teilprozessen hat sich das Benchmarking erwiesen. Man nimmt dabei den Performance-Standard des Marktführers als Maßstab. Eine relativ neue Form der Evaluierung von Teilprozessen ist die Nutzwertberechnung. Bei dieser Berechnung wird jedem Teilprozess sein spezifischer Beitrag zum Gesamtnutzwert des Produktes zugeordnet. Der Gesamtnutzwert einer Produktherstellung setzt sich dann aus den Beiträgen aller Teilprozesse zusammen und ergibt sich aus

These 25 *Die Quantifizierung von Messgrößen und Kenndaten erfordert systematische Definitionen. Besonders bei schwer quantifizierbaren Parametern muss die zu messende Eigenschaft genau beschrieben werden, um sie quantifizierbar zu machen.*

Trotz erheblicher Bemühungen findet man in der industriellen Praxis häufig diffuse und inkonsistente Definitionen verschiedener Prozessdaten. Eine entschuldbare Begründung dafür ist der ständige Fortschritt bei Meßsystemen und Prozessen. Für wünschenswerte beherrschbare industrielle Gesamtprozesse ist eine mangelhafte Definition aber gefährlich. Da im Gesamtprozess technische, organisatorische und wirtschaftliche Größen vernetzt werden müssen, führen unsaubere Definitionen auch zu gefährlichen Kommunikationsmängeln und Missverständnissen. Die Tabelle Tabelle 4.1 enthält deshalb in komprimierter Form Messgrößen, deren Definitionen entweder schon genormt sind und/oder aus einer exakten Systembehandlung des Teilprozesses entwickelbar sind.

Der Begriff Sensor geht über die herkömmlichen Aufgaben des Messwertfühlers hinaus. Während man unter dem letzteren Begriff jene Bauelemente zusammenfasst, die auf eine Umweltgröße in messbarer

für Strategische Planung:	
Lastenheft	Lebenszykluskurve
Preise, Kosten, Risken, Amortisation	Marktportfolio
Investitionskosten	Kapitalwert

für Produktidee - Design:	
Innovationsgrad, Alleinstellungsmerkmal	Preis/Leistungsvergleich
Realisierbarkeit	Risiko
Prozessfähigkeit	Konformität mit Unternehmenszielen
Kundenorientierung, Benutzerfreundlichkeit	Patentfähigkeit
.....	

für Produkt/Prozessentwicklung:	
Entwicklungskosten/Zeiten	Ressourcenbedarf
Prüfbarkeit der Qualiätsmerkmale	Automatisierbarkeit
Herstellkosten	Recyclingfähigkeit

für Logistik:	
Verfügbarkeit Material, Zulieferteile	Transportfähigkeit und Lagerbedarf
Lieferantenredundanz	Auftragsverfolgbarkeit

für Einzelteilfertigungsprozess:	
Weg, Länge, Entfernung	Kraft, Drehmoment
Geschwindigkeit, Drehzahl	Temperatur
Druck	chemische Bestandteile

für Montage/Abfüllung:	
Funktion der montierten Einheit	Teileidentifikation
Einbaubarkeit	Füllstandshöhe

für Marketing, Vertrieb:	
Umsatz	Lieferzeit
Werbeaufwand	Kundenzufriedenheit

für Recycling:	
Wiederverwendbarkeit	Demontierbarkeit
Restwert	Biologisch abbaubar
Verrottbarkeit	Endlagerbedarf
Entsorgungskosten	

Tabelle 4.1: Übersicht quantifizierbarer Messgrößen der Industrieprozesse

Weise reagieren und diese vorzugsweise in ein elektrisches Signal umsetzen, verknüpft man mit dem Begriff des Sensors im allgemeinen auch die Verarbeitung des gemessenen Signals mit Mikroelektronik in Form der Anpassung an eine hochentwickelte elektronische Datenaufbereitung bis hin zur vollständigen Integrierbarkeit in ein System.

In dieser Verarbeitung werden die meist schwachen Signale der Messwertfühler wie Größe des Ausgangssignals, Signal/Rauschverhältnis, Störsicherheit und Linearität durch elektronische Verstärkung, Filterung und Digitalisierung stark verbessert.

Der Begriff „Sensorsystem" wird meist dann verwendet, wenn mehr als ein Messwertaufnehmer eingesetzt wird. Sensorsysteme sind in der Regel hierarchisch aufgebaute Sensorkombinationen mit einer Sensorsignalverarbeitung in Subsystemen. Aufwendige Sensorsysteme können die charakteristischen Eigenschaften von intelligenten Sensoren haben.

Das Wissen über das Gebiet der Sensoren insgesamt wird als Sensorik bezeichnet. Es umfasst einerseits das Wissen um die für den Bau von Sensoren notwendigen physikalischen Effekte, wie andererseits dessen Realisierung in technischen Produkten, deren Ausführungsformen und Eigenschaften.

Die technische Entwicklung in der Anwendung von Sensoren geht in Richtung dezentraler Sensorstrukturen : Analog- und Digitalelektronik rücken schrittweise näher zum Messwertfühler und analoge Schnittstellen wandeln sich zu digitalen Schnittstellen. Bild 4.2 zeigt die Entwicklung solcher dezentraler Strukturen von der analogen Übertragung des Basissensorsignals (im Bereich der analogen Sensorschnittstellen hat sich die 4..20 mA-Stromschnittstelle allgemein durchgesetzt; gelegentlich ist auch die 10V-Spannungsschnittstelle anzutreffen) über die serielle, digitale RS232 Punkt zu Punkt-Verbindung bis zur Verwendung offener Feldbusse als standardisierte Sensorschnittstelle.

Die Vorteile einer dezentralen Struktur liegen auf der Hand: Die Vorverarbeitung erlaubt die problemlose Austauschbarkeit der Sensorsysteme, der übergeordnete Prozess erfährt eine erhebliche Entlastung und hat ein besseres zeitliches Verhalten bei höherer Gesamtfunktionalität. Darüber hinaus ermöglichen digitale Übertragungsverfahren höhere Übertragungssicherheiten bei größeren Entfernungen.

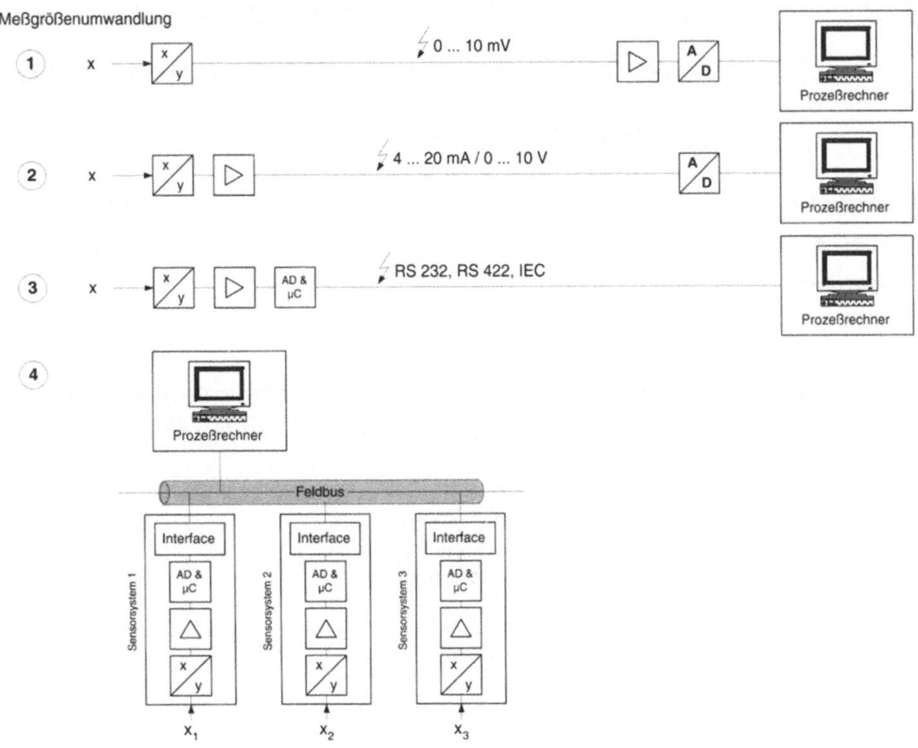

Bild 4.2: Entstehung einer dezentralen Sensorstruktur

4.2   Einbindung von Sensoren in kontinuierliche Verfahrens- und diskontinuierliche Fertigungsprozesse

These 26 *Sensoren und Sensorsysteme müssen in-Line in industrielle Prozesse eingebunden sein, um eine realtime Prozessbeherrschung zu ermöglichen, die Verfügbarkeit der Prozessanlagen zu erhöhen und Nebenzeiten drastisch zu reduzieren.*

These 27 *Der forcierte Einsatz von Sensorsystemen ermöglicht die Verringerung von Unsicherheiten vor allem in hochflexiblen Prozessen.*

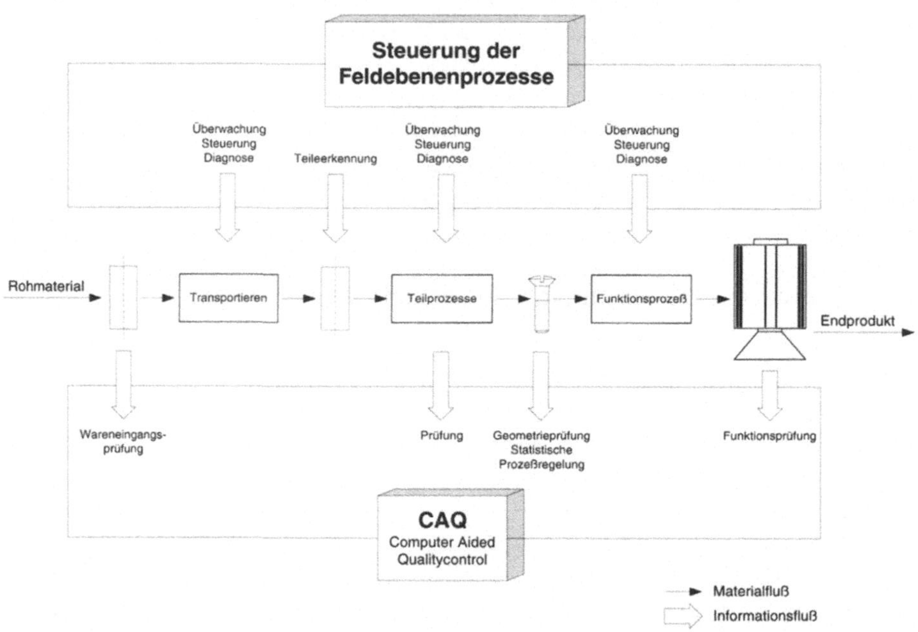

Bild 4.3: Einbindung von Sensorsystemen in moderne Produktionssysteme

Für bestimmte schnelle Prozesse ist die Sensortechnik der Schlüssel, der die Durchführung des Verfahrens überhaupt ermöglicht; als Beispiele sind die punktgenaue Bestückung von PCB's (printed circuit boards) oder das Bahnschweißen oder Formlackieren mit Industrierobotern zu nennen, wo exakte Geometrie und Fügeparameter den Sensoreinsatz unabdingbar machen.

Die traditionelle Messtechnik in der industriellen Produktion war den eigentlichen Fertigungsprozessen nachgeordnet und von den vorhergehenden Funktionsprozessen isoliert. Heute sind die Sensorsysteme in komplexe Aufgaben und Funktionen integriert. Sie sind weiters wichtige Datenquellen für CAQ -Systeme. Vom Wareneingang bis zur Endprüfung beteiligen sich Sensorsysteme am gesamten Produktionsprozess. Bild 4.3 zeigt die Einbindung von Sensorsystemen in moderne Produktionssysteme, einerseits als Messsysteme zur Prozesssteuerung und andererseits zur Funktionsprüfung. Die sensorischen Anwendungen überspannen dabei einen weiten Bereich. Bild 4.4 und Bild 4.5 zeigen eine Gliederung nach Aufgaben bzw. Messgrößen. Die Aufgaben der

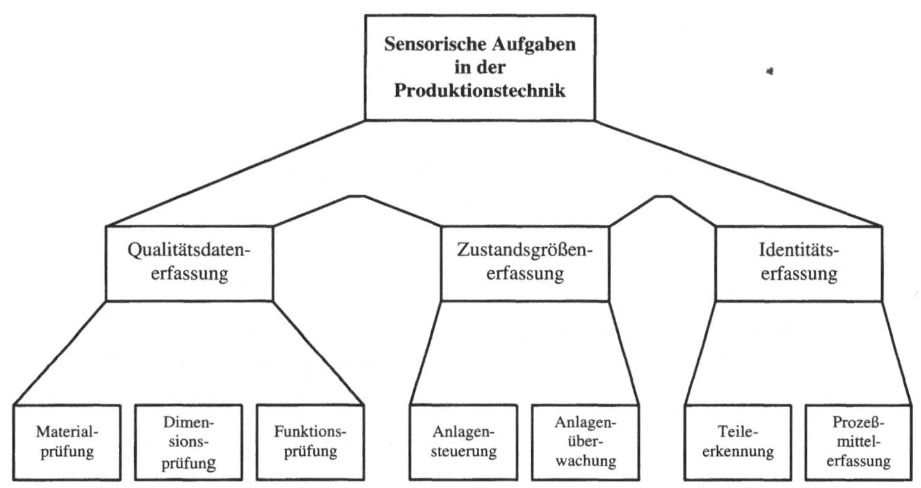

Bild 4.4: Aufgaben von Sensorsystemen in der Produktion

Zustandsgrößenerfassung sind über alle Teilprozesse, den Transport und den Summenprozess (Montage) verteilt.

Sensororientierte Maschinensteuerungen ermöglichen die regelungstechnische Führung von Handhabungs-, Montage - oder Transportprozessen. Das Ziel solcher Maßnahmen kann in einer Vereinfachung der Programmierung liegen, es kann aber auch eine Ablaufsteuerung, Regelung od. Optimierung einzelner Produktionsprozesse bewirkt werden.

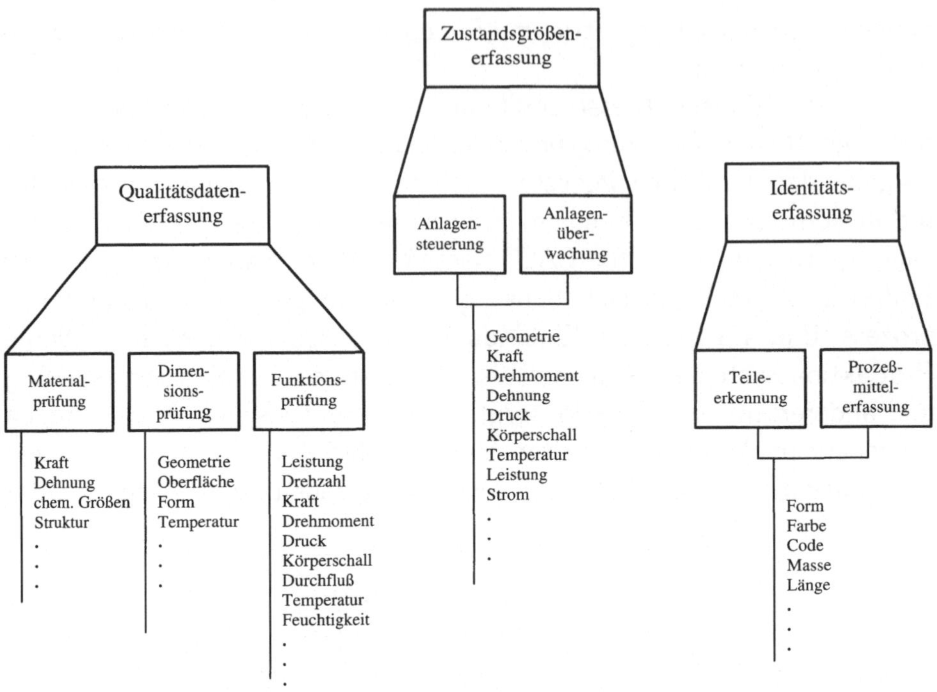

Bild 4.5: Messgrößen für die Erfassung von Qualitätsdaten, Zustandsgrößen und Identitäten

Die Maschinenüberwachung gestattet Fehlererkennung und Fehlervermeidung in Echtzeit. So wird z.B. in Bearbeitungsmaschinen eine Werkzeugüberwachungseinrichtung integriert, die Standzeitende, Verschleiß und Bruch des Werkzeugs erkennt und rechtzeitig, d.h. in realtime, meldet. Manchmal dient der Sensoreinsatz auch Sonderaufgaben, wie der Temperatur- oder Lastkompensation sowie der aktiven Dämpfung.

Im Bereich der Identitätserfassung erkennen Sensorsysteme entweder die Identität von Werkstücken oder Prozessmittel wie z.B. Werkzeuge, Zusatzstoffe oder Paletten und lösen daraufhin relevante Steuerungsabläufen aus.

4.3 Sensorklassifikation und -definition

Wegen der sehr breiten Anwendung gibt es sehr viele - meist willkürlich vorgeschlagene - Klassifikationen. Direkte Sensoren wandeln z.B. die physikalische Größe direkt in ein elektrisches Signal und indirekte Sensoren wandeln eine physikalische Hilfsgröße in ein elektrisches Signal um. Erst durch den Zusammenhang zwischen der Hilfsgröße und der Messgröße kann dann die Messgröße bestimmt werden (z.B. Füllstandsmessung über Drucksensoren am Behälterboden).

In DIN1319 sind folgende Begriffe für die Charakterisierung von Messgeräten definiert:

Definition 19 *Messbereich: Der Messbereich ist derjenige Bereich von Messwerten der Messgröße, in welchem vorgegebene, vereinbarte oder garantierte Fehlergrenzen nicht überschritten werden.*

Definition 20 *Empfindlichkeit: Die Empfindlichkeit (unter Umständen an einer bestimmten Stelle) ist der Quotient einer beobachteten Änderung des Ausgangssignals durch die sie verursachende Änderung des Eingangssignals (der Messgröße). Der Zusammenhang zwischen Messgröße und Ausgangssignal ist jedoch oft nichtlinear, sodass im Rahmen einer Signalvorverarbeitung eine Linearisierung erfolgen muss.*

Definition 21 *Ansprechwert: Der Ansprechwert ist derjenige Wert einer erforderlichen geringen Änderung der Messgröße am Nullpunkt, welcher eine erste, eindeutig erkennbare Änderung der Anzeige hervorruft. Der Ansprechwert (üblicherweise auch als Nachweisgrenze bezeichnet) ist vor allem für chemische Sensoren von Bedeutung.*

Weiters sind folgende Begriffe für die Charakterisierung von Sensoren üblich:

Definition 22 *Zeitverhalten: Das Zeitverhalten beschreibt die Reaktion eines Sensorsystems auf eine sprunghafte Änderung (z.B. Aufsetzen eines Behälters auf eine Gewichtsmessstrecke). Das Zeitverhalten wird z.B. durch die Anstiegszeit oder Einschwingzeit charakterisiert.*

Definition 23 *Zuverlässigkeit: Die Zuverlässigkeit ist eine qualitative Aussage über das Langzeitverhalten eines Sensors in bezug auf Eigenschaften wie Empfindlichkeit oder Messabweichung.*

Bild 4.6 zeigt die Struktur eines Sensorsystems mit Signalverarbeitung. Basissensoren wandeln die physikalische Messgröße in ein elektrisches Signal um, dass i.a. verstärkt, ggfs. demoduliert und gefiltert wird. Durch synchrone Abtastung werden die aktuellen Werte der analogen elektrischen Signale festgehalten und der Digitalisierung zugeführt. Die digitalisierten Signale können einer digitalen Vorverarbeitung wie Linearisierung oder Filterung unterzogen werden. Für Basissensoren, die bereits ein digitales elektrisches Signal liefern, muss nur noch der elektrische Pegel angepasst werden; bei inkrementellen Sensoren ist eine Zählerschaltung zur Bestimmung der Messgröße notwendig. Die so gewonnenen Informationen werden entweder zur Bestimmung von Merkmalen miteinander verknüpft oder direkt an die Steuerung übertragen.

Aufgrund vielseitiger Anwendungen der Sensoren in industriellen Prozessen gibt es auch eine enorme Angebotsvielfalt, die eine Auswahl oft sehr erschwert. Natürlich werden Preis/Leistungsvergleiche auch hier hilfreich sein. Aber vorher müssen die technischen Leistungen mit einem einheitlichen Kriterium bewertet werden. Als ein solches analytisches Kriterium eignet sich ein Verhältniswert, z.B. das Verhältnis Messbereich zu Ansprechwert (M/A), sehr gut.

Deswegen werden für die folgenden Funktionsprinzipien einige charakteristische Sensoren, das typische Umwandlungsprinzip, die M/A - Verhältnisse und die erreichbaren absoluten Genauigkeiten angegeben.

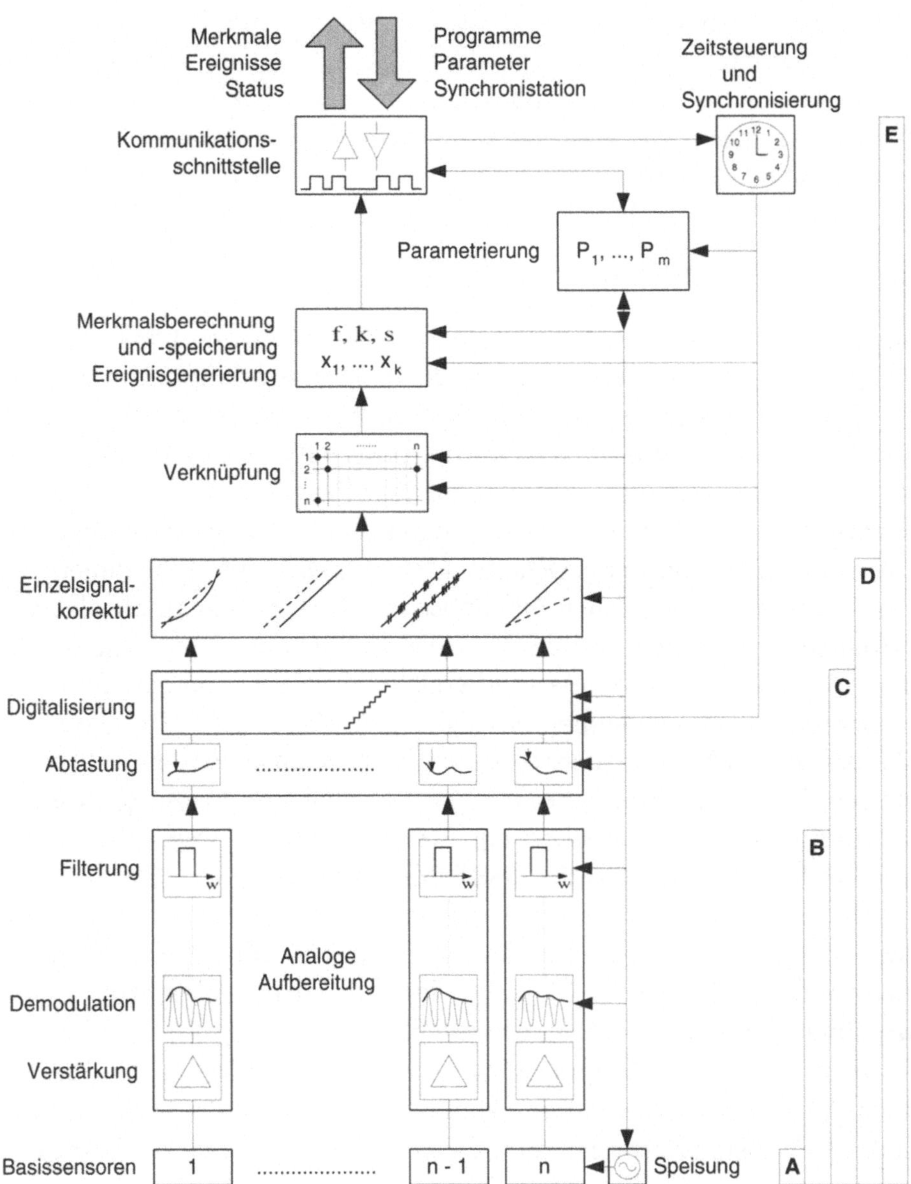

Bild 4.6: Struktur und Klassifikation von Sensorsystemen

4.4   Sensorik für die Feldebene

Wie schon oben bemerkt, sind die Prozesse in der Feldebene relativ
gut mit Sensoren erfassbar. Charakteristische Beispiele sollen im folgenden nicht nur die Funktion und das Leistungsvermögen dokumentieren,
sondern auch zur Vorbereitung von Analogien für Prozesse in anderen
Industrieebenen dienen.

4.4.1   Einzelgeometriesensorik

In der Einzelteilfertigung sind geometrische Größen wie Länge, Winkel,
Wegstrecke, Referenzlage, etc. und deren Toleranzhaltigkeit zu messen.
Im allgemeinen wird zwischen taktilen und berührungslosen Messverfahren unterschieden. Bei den berührungslosen Wegmessverfahren haben
sich induktive Messverfahren überall dort bewährt, wo Schmutz, Öl,
Wasser etc. zu widrige Messbedingungen führen. Die Realisierungen reichen, abhängig von der jeweiligen Messaufgabe, von Aufnehmern mit
geschlossenem oder offenen magnetischen Kreis bis hin zu absolut oder
inkrementell kodierten Wirbelstrom-Wegaufnehmern. Je nach Anwendungsbereich werden Temperaturbereiche bis 600°C und eine Störungs-
unempfindlichkeit gegenüber magnetischen Feldern bis 10 Tesla erreicht.
Die üblichen Arbeitsfrequenzen liegen im Bereich zwischen 20 kHz und
einigen MHz, der Messbereich liegt bei analoger Messung zwischen
0,25mm und 15cm. Die Nutzfrequenz (zeitliches Auflösungsvermögen)
liegt im Bereich von 10% der Oszillatorfrequenz.

Bild 4.7 gibt einen Überblick über Ausführungsformen von induk-
tiven Weggebern mit externer Beschaltung und prinzipiellem Kennlini-
enverlauf. Der Weg wird über die Bewegung eines Eisenkerns in eine
wegabhängige Induktivität umgewandelt.

Für eine Wegmessung mit größerem Messbe-
reichs/Ansprechwertverhältnis kommen inkrementale und absolut-
codierte Maßstabsverfahren zum Einsatz. Dafür hat sich die photoelektrische Messung bewährt.

Bild 4.8 zeigt das photoelektrische Messprinzip nach dem Durchlicht-
Prinzip. Bei Bewegung des Maßstabs relativ zur Abtastplatte entsteht
im Photoelement ein wegabhängiges, periodisches Signal. Durch Hin-
zufügen weiterer Photoelemente und Abtastplatten, die um 90°, 180°
und 270° phasenverschobene Signale abgeben, werden durch Differenz-

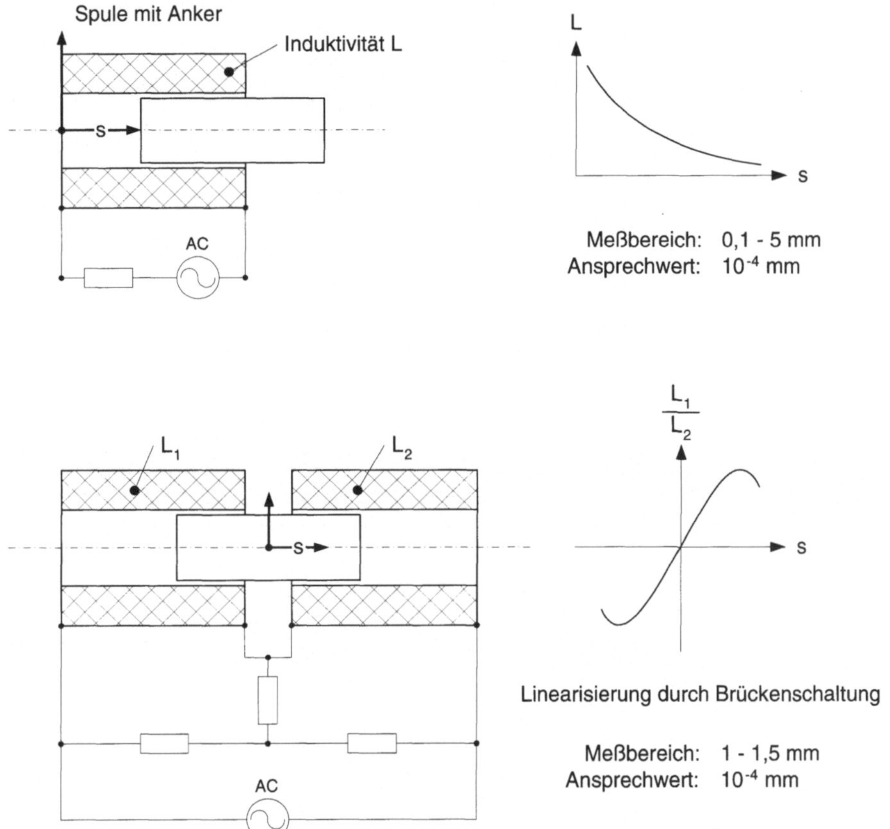

Bild 4.7: Induktive Weggeber

bildung zwei nullsymmetrische Signale erzeugt, die nach Digitalisierung einem Zähler zugeführt werden. Auf Basis der Phasenlage der Signale ist es möglich, über einen Richtungsdiskriminator die Zählrichtung des Zählers zu steuern. Beugungseffekte am Strichgitter begrenzen die Teilungsperiode mit ca. 10μm, ein höheres Auflösungsvermögen wird über diverse Interpolationsverfahren realisiert. Neben inkrementellen Messverfahren, wo stets eine Referenzmarke zur Feststellung der absoluten Position vorhanden sein muss, werden auch Code-Messverfahren eingesetzt, bei denen die aktuelle Position über eine entsprechende Anzahl von Spuren definiert ist.

Vor allem bei hohen Anforderungen an das Auflösungsvermögen eig-

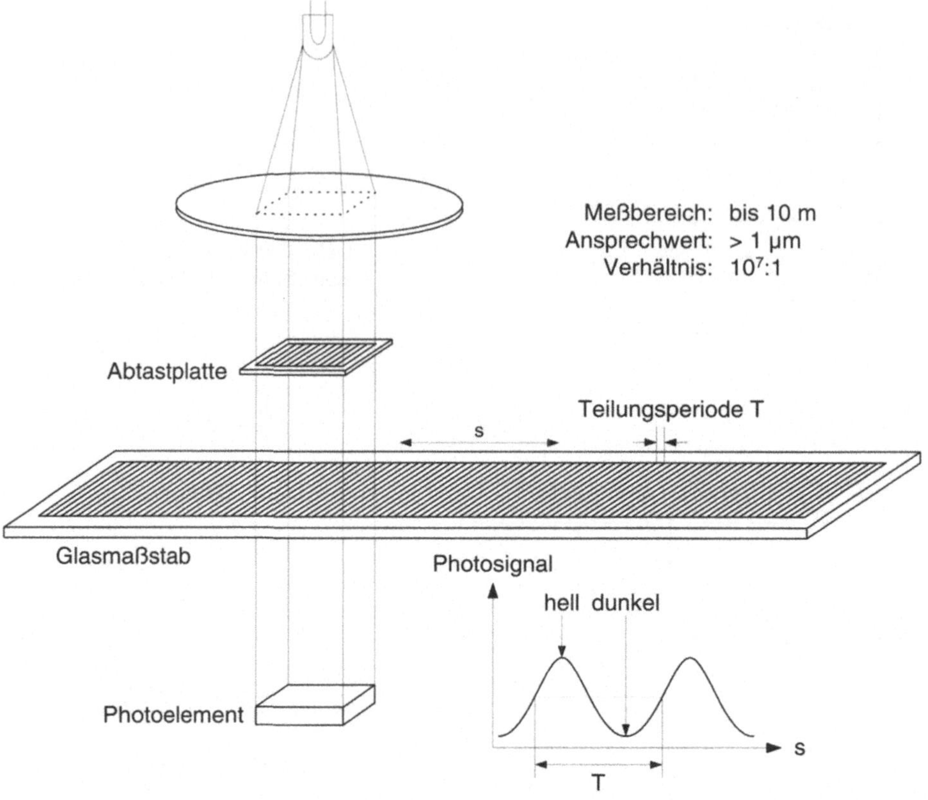

Bild 4.8: Photoelektrische Längenmessung nach dem Durchlichtprinzip

net sich auch die Laser-Interferometrie. Als Referenzgröße wird die Wellenlänge einer kohärenten Lichtquelle (He-Ne-Laser) benutzt, bei einem Auflösungsvermögen im nm-Bereich wird die Absolutgenauigkeit durch die Störgrößen Temperatur, Druck, Feuchtigkeit und chemische Zusammensetzung des Mediums limitiert.

Triangulationssensoren werden zur Entfernungsmessung bis zu einigen Metern verwendet. Der Strahl einer LED wird am Messobjekt gestreut (Bild 4.9). Der Winkel, unter dem das Streulicht vom Detektor aufgefangen wird, ist ein Maß für den Abstand des Messobjektes. Der Detektor besteht meist aus einer Linse und einer PSD (photosensitive Diode). Der Auftreffpunkt des Strahls auf der PSD ist ein Maß für die Entfernung des Messobjekts. Werden mehrere Triangulationssensoren gleichzeitig verwendet, muss darauf geachtet werden, dass sie sich nicht gegenseitig beeinflussen.

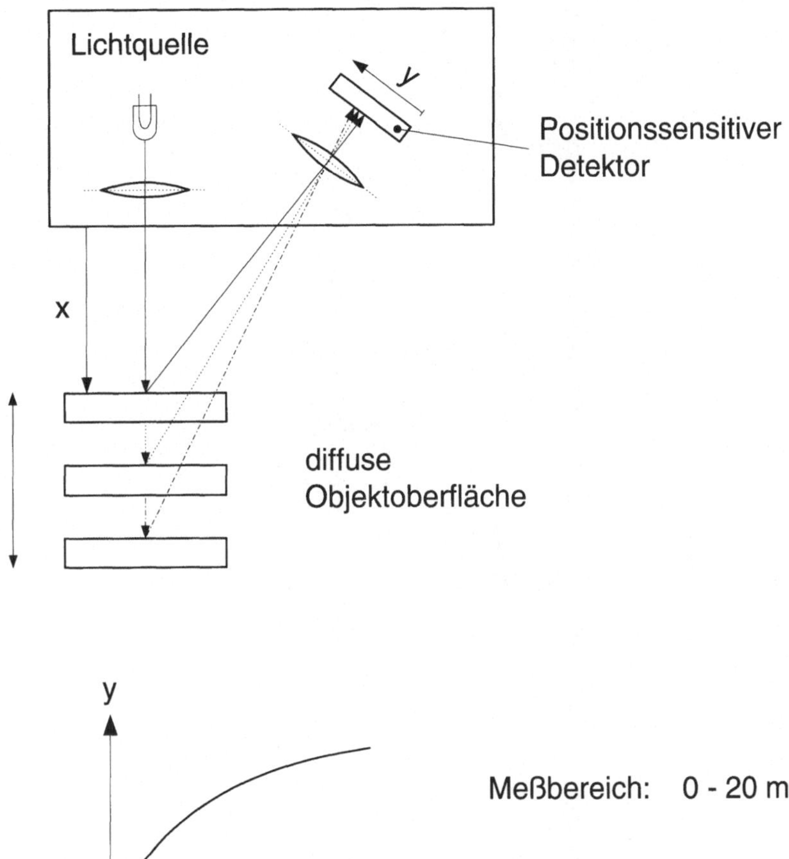

Bild 4.9: Wegmessung nach dem Triangulationsprinzip

4.4.2 Integrale geometrische Größen (Bildsensorik)

These 28 *Die gleichzeitige Erfassung zusammenhängender Geometrien mit Bildaufnahmesensoren ist einer der größten Fortschritte in die Beherrschbarkeit von Produktionsprozessen.*

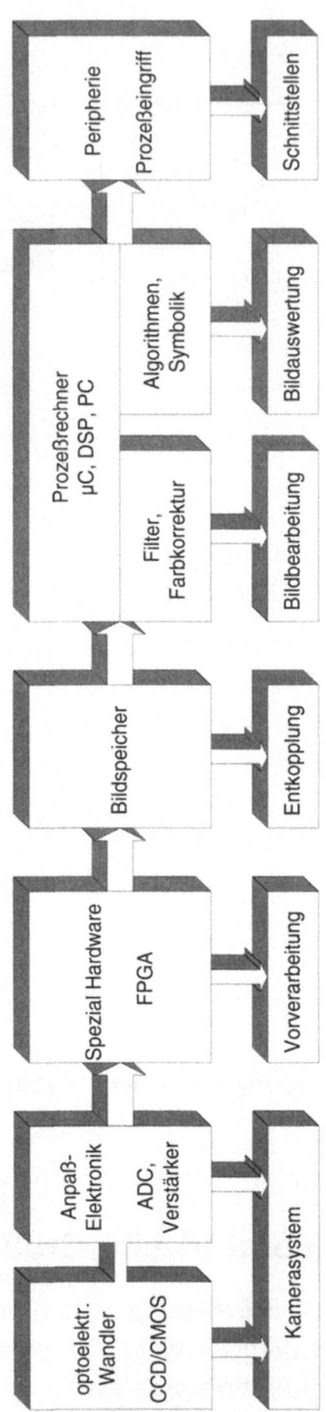

Bild 4.10: Prinzipdarstellung eines Bildverarbeitungssystems

Mit der Entwicklung leistungsfähiger Bussysteme, Prozessoren und neuer Kameratechnologien ist in den letzten zehn Jahren das „maschinelle Sehen" (engl. Machine Vision) zu einer Schlüsseltechnologie in der industriellen Produktion geworden. Um die Gewinnung von Messdaten aus bildgebenden Sensoren (z.B. eindimensionaler Zeilensensor, Matrixsensor, Laserscannezu r, optische 3 D-Messanlage) darzustellen, genügt es nicht, diese Sensoren nur in ihrem Aufbau und in ihrer Wirkungsweise beschreiben. Vielmehr muss die enge Verbindung des optischen Sensorelements mit den zur Bildverarbeitung erforderlichen Methoden und Rechnern berücksichtigt werden. Bild 4.10 zeigt die wesentlichen Komponenten eines Bildverarbeitungssystems.

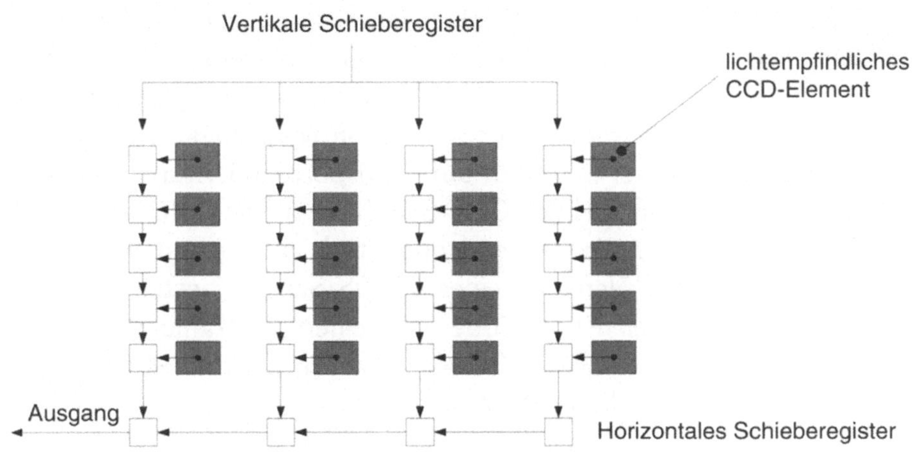

Bild 4.11: CCD-Flächensensor und typische Daten

In den meisten Anwendungen kommen heute CCD-Flächenkameras zum Einsatz. Der CCD-Chip ist in rechteckige, lichtempfindliche Bildpunkte aufgeteilt. CCD steht für Charge Coupled Device und bedeutet, dass, für jeden Bildpunkt getrennt, auftreffende Lichtintensität (Photonen) in Ladung umgewandelt wird. Die entstehende Ladung wird dort während der gesamten Belichtungszeit in kleinen Kondensatoren gesammelt. Durch anschließendes Auslesen der Ladung kann auf die mittlere Bestrahlung jedes Bildpunkts geschlossen werden.

Bild 4.11 zeigt die Organisation einer CCD-Flächenkamera. Die erzeugten Ladungen werden dabei gleichzeitig in vertikale Schieberegister übernommen. Von dort werden sie sukzessive in das horizontale Schieberegister transferiert, von wo sie über den Ausgangsverstärker seriell ausgelesen werden.

Hinsichtlich der Sensorauslegung wird unterschieden zwischen Flächenkameras, deren Sensorelemente in Form einer Matrix angeordnet sind, und Zeilenkameras, deren Sensorelemente in einer Zeile angeordnet sind. Flächenkameras sind zur Zeit mit Auflösungen von bis zu 1300x1000 Pixel erhältlich. CCD-Zeilensensoren sind flexibel in der Auflösung (bis 8192 Pixel/Zeile) und in der Ausleserate (bis 60 Megapixel/s), und sind in der industriellen Bildverarbeitung überall dort einsetzbar, wo eine Relativbewegung zwischen Messobjekt und Kamera besteht, wie das z.B. bei Objekten auf Transportbändern der Fall ist.

Neuerdings werden neben CCD-Sensoren auch CMOS-Sensoren (Complementary Metal Oxide Semiconductor) zunehmend eingesetzt. Die lichtempfindlichen Elemente eines CMOS-Sensors bestehen im wesentlichen aus je einer Photodiode, die einen bestrahlungsabhängigen Photostrom abgibt. CMOS-Sensoren weisen gegenüber von CCD-Sensoren einige Vor- und Nachteile auf:

- CMOS-Kameras weisen eine logarithmische Kennlinie auf, d.h., Bilder mit hohen Intensitätsunterschieden können mit CMOS-Kameras besser erfasst werden als mit CCD-Kameras.

- Daten werden pixelweise ausgelesen, es besteht also die Möglichkeit, interessante Bereiche oder Messpunkte direkt auszulesen.

- CMOS-Kameras sind oft deutlich weniger lichtempfindlich als entsprechende CCD-Modelle.

- CMOS-Sensoren haben zumeist einen geringeren Dynamikumfang als entsprechende CCD-Chips, können also weniger Helligkeitsabstufungen unterscheiden.

- CMOS-Chips produzieren in der Regel ein höheres Bildrauschen als CCD-Kameras.

Typische Anwendungen in der industriellen Bildverarbeitung sind: Geometrieprüfung (Ermittlung von „Längen"), Objekterkennung, Prüfung der räumlichen Anordnung (z.B. Position zu prüfender Teile erkennen), Prüfen auf Vollständigkeit (z.B. in der automatischen Montage), Störstellenerkennung, Oberflächenprüfung, Qualitätskontrolle und Roboterführung.

4.4.3 Temperatursensorik

These 29 *Wegen der zunehmenden Temperatureinflüsse auf die Beherrschbarkeit von industriellen Prozessen, sind Temperatursensoren vor allem nach ihrer Echtzeitfähigkeit zu beurteilen.*

Bei der Temperaturmessung wird zwischen Kontaktthermometrie und Strahlungsthermometrie unterschieden. Bei der Kontaktthermometrie werden Temperaturabhängigkeiten von Materialeigenschaften ausgenutzt, während bei strahlungsthermometrischer Messung ein Teil der vom Messobjekt emittierten Temperaturstrahlung ausgewertet wird.

Kontaktthermometrie

Bei der Kontaktthermometrie mit resistiven Sensoren gibt es folgende Ausführungen:

- Metallwiderstände: der spezifische Widerstand steigt in einem weiten Bereich nahezu linear mit zunehmender Temperatur. Eine Beschreibung der Temperaturabhängigkeit gelingt nach dem Ansatz

$$R(T) = R(T_0)(1 + \alpha(T - T_0))$$

  mit dem positiven Temperaturkoeffizienten α (typisch $\alpha = 4 \cdot 10^{-3} K^{-1}$). Zum Einsatz kommen Metallwiderstände aus Platin, Nickel, Kupfer und Iridium. Eine typische Kennlinie ist in Bild 4.12 dargestellt.

- NTC (Negativer Temperaturkoeffizient, Thermistoren, Heißleiter): sie weisen eine stark nichtlineare, mit steigender Temperatur fallende Widerstandskennlinie auf, die Temperaturabhängigkeit wird gemäß

$$R(T) = R(T_0) \, e^{\beta(\frac{1}{T} - \frac{1}{T_0})}$$

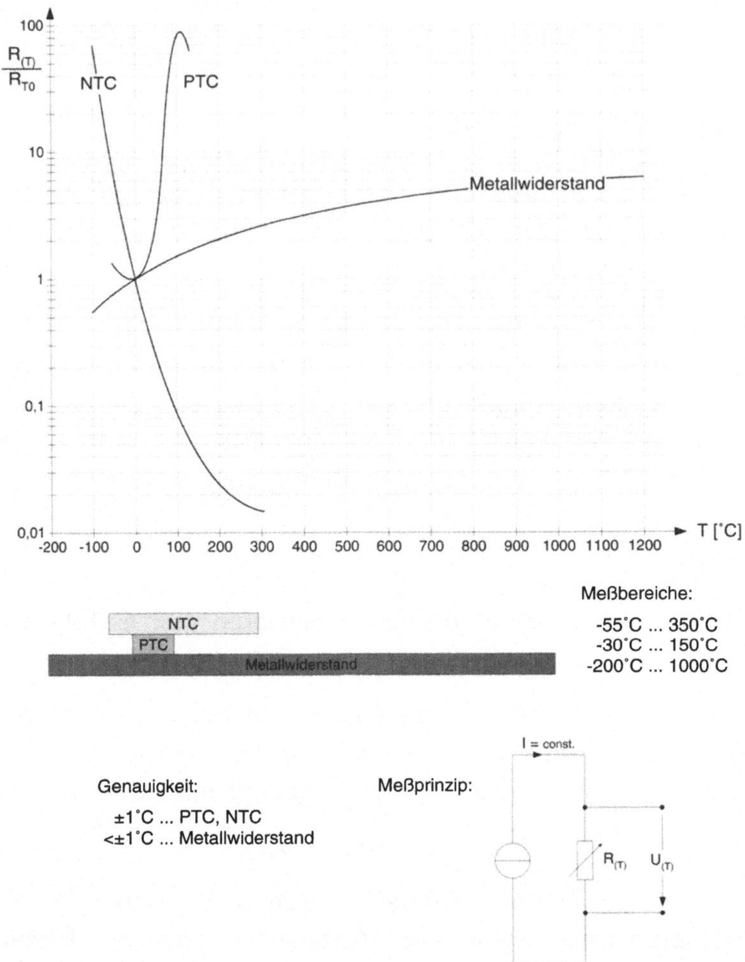

Bild 4.12: Kennlinien für die Temperaturmessung mit NTC, PTC und Metallwiderständen

(vgl. Bild 4.12) mit einer Materialkonstante β angeschrieben (typisch $\beta = 2.000\mathrm{K}$ bis $5.000\mathrm{K}$), sodass sich ein negativer, temperaturabhängiger Temperaturkoeffizient $\alpha = -\beta/T_0^2$ ergibt. Zum Einsatz kommen halbleitende Keramikmaterialien aus gesinterten Metalloxiden (Mangan-, Nickel-, Kobalt-, Kupfer-, Eisenoxide)

- PTC (Positiver Temperaturkoeffizient, Kaltleiter): der spezifische Widerstand ändert sich in einem kleinen Temperaturbereich (wenige °C) um mehrere Größenordnungen, vgl. Bild 4.12. Zum Einsatz kommen gesinterte, dotierte Metalloxide, bei denen ein bestimmtes Zusammenwirken zwischen ferroelektrischen und halbleitenden Eigenschaften ausgenutzt wird.

Bei Quarz-Temperatursensoren wird die Temperaturabhängigkeit der Eigenfrequenz von Quarzkristallen ausgenutzt, derartige Sensoren zeichnen sich durch eine hervorragende Messgenauigkeit aus.

Bei integrierten Temperatursensoren wird die Temperaturabhängigkeit der Flussspannung an Dioden ausgenutzt, bei einem Arbeitsbereich von typisch -40°C bis 125°C sind Messgenauigkeiten im Bereich von ≈ 3°C problemlos auch ohne Kalibrierung möglich.

Strahlungsthermometrie

Zur strahlungsbasierten Temperaturmessung kommen folgende Sensorprinzipien zum Einsatz:

- Thermische Sensoren (Bolometer, thermoelektrische Sensoren, pyroelektrische Sensoren), die ein zum absorbierten Strahlungsfluss proportionales, meist elektrisches Signal abgeben.

- Photosensoren (Photowiderstände, Photodioden, Schottky-Barriere Sensoren), bei denen durch eintreffende Photonen frei bewegliche Ladungsträger generiert werden.

Bild 4.13 zeigt den wesentlichen Unterschied zwischen den beiden Sensortypen: Photosensoren weisen eine charakteristische Wellenlängenabhängigkeit auf, die Strahlungsdetektion ist durch die erforderliche Anregungsenergie (Bandabstand) begrenzt. Thermische Sensoren weisen dem entgegen keine Frequenzabhängigkeit auf, sodass eine

Selektivität ausschließlich von den Transmissionseigenschaften der optischen Baugruppen und vom spektralen Absorptionsgrad des Sensorelements abhängt.

Im Vergleich zur Kontaktthermometrie ist zu beachten, dass insbesondere eine genaue Kenntnis des zumeist richtungs- und frequenzabhängigen Emissionsvermögens die Grundlage für eine korrekte Temperaturmessung ist.

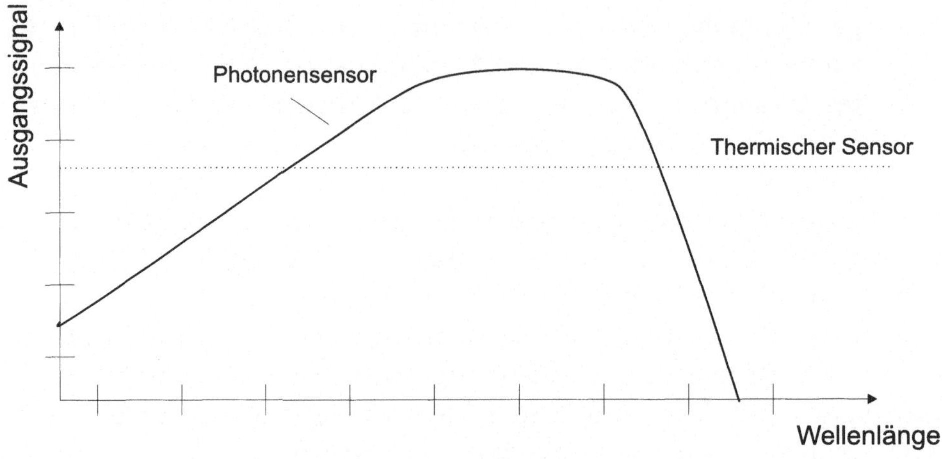

Bild 4.13: Charakteristik von Photosensor und thermischem Sensor, aus Tränkler

4.4.4 Druck- und Durchflussmengensensorik

These 30 *Bei Sensoren für Flüssigkeits- und Gasprozesse ist das Kenngrößenverhältnis Messbereich zu Auflösung (M/A) besonders unterschiedlich.*

Im Gegensatz zur Kraftmessung, bei der die an einem definierten Punkt angreifende Kraft gemessen wird, liegt im Fall der Druckmessung eine kontinuierliche Kraftverteilung vor, die es zu messen gilt. Die derzeit häufigsten Aufnehmerkonzepte sind Dehnungsmessstreifen- und Dünnfilmtechnik, Piezoresistive Siliziumdrucksensoren und kapazitive Drucksensoren.

Bild 4.14 zeigt einen Drucksensor mit Dehnungsmessstreifen. Es wird der zu messende Druck in eine Oberflächendeformation umgewandelt.

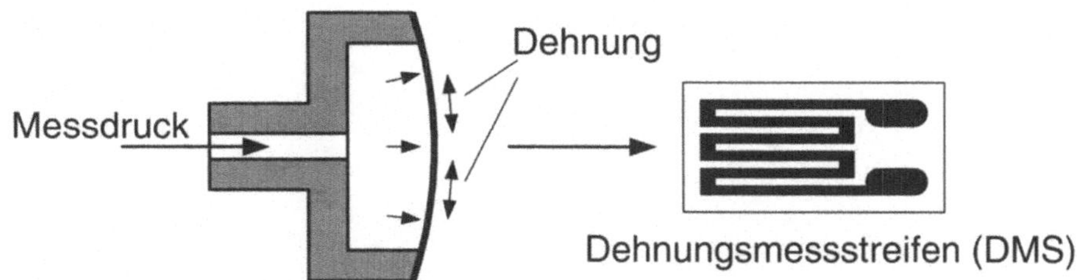

Bild 4.14: DMS-Drucksensor

Dabei deformiert sich eine Blattfeder, an deren Oberfläche ortsabhängige Dehnungen und Stauchungen auftreten. Auf der Blattfeder werden Dehnungsmessstreifen angebracht, die die Dehnung des Materials übernehmen. Die elektrische Widerstandsänderung im DMS ist proportional der Dehnung der Blattfeder, wodurch eine relativ einfache Erfassung von Druckänderungen möglich wird. Bei geringer Dehnung vervielfacht man die Messlänge durch mäanderförmige Ausführung des Widerstandes. Es gibt Hochtemperatur-DMS mit einem Einsatzbereich bis zu 1000°C, die auch für dynamische Messungen geeignet sind. Die Herstellung dieser DMS kann mit Folien- oder Dünnfilmtechnik erfolgen.

Im Bild 4.15 erfolgt die Druckmessung über eine empfindliche Druckmembran, deren Bewegung über die Ausdehnung einer Blattfeder gemessen wird. Die Blattfederausdehnung ihrerseits wird wieder über DMS in Brückenschaltung gemessen. Dadurch erhält man ein gutes Messbereichskriterium M/A von 400 bar/0,1 bar.

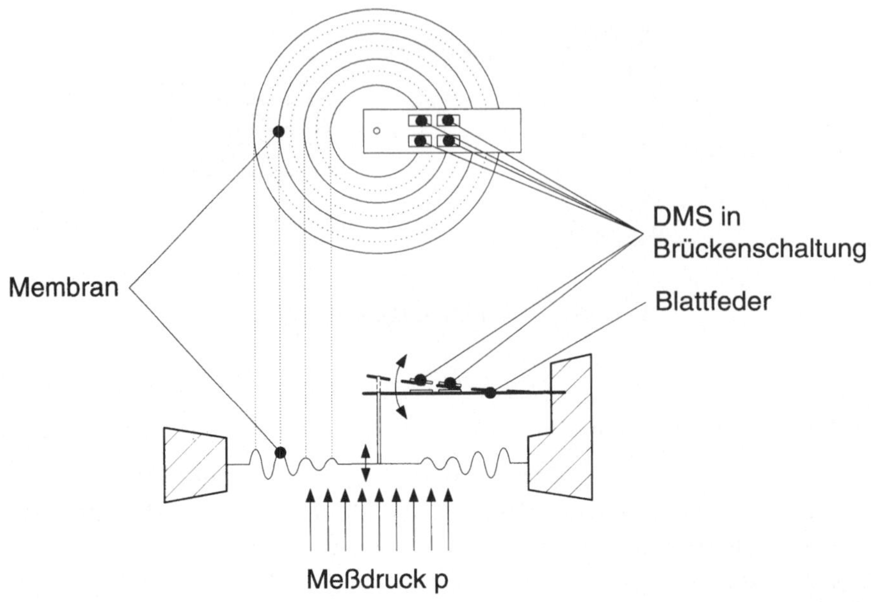

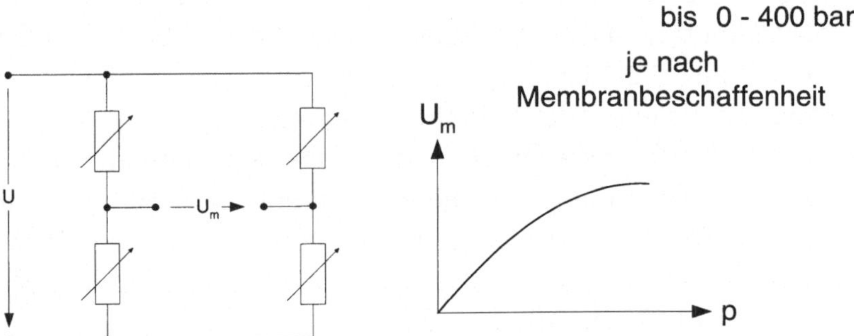

Bild 4.15: Druckmessung über die Durchbiegung einer Blattfeder mit DMS

Neben der DMS-Messwertaufnahme gibt es auch piezoresistive und kapazitive Messzellen, die in Dünnschichttechnik herstellbar sind und für Nenndrücke bis 10 bar eingesetzt werden können. Für Nenndrücke bis 1000 bar werden Sensoren mit Piezokeramik aus Bariumtitanat eingesetzt, die eine sehr kleine Bauweise des Sensors erlauben.

Durchflussmengen

Mit dem Begriff Durchfluss wird jene Stoffmenge oder jenes Volumen bezeichnet, das einen Rohrleitungsquerschnitt pro Zeiteinheit durchströmt. Der Massendurchfluss qm = m/t und der Volumendurchfluss qv = v/t sind durch die Dichte des Mediums m = pV (p = Mediumsdichte) verkettet. Wegen der vielen Anwendungen, vor allem in der chemischen Industrie, gibt es eine sehr große Zahl von Messprinzipien.

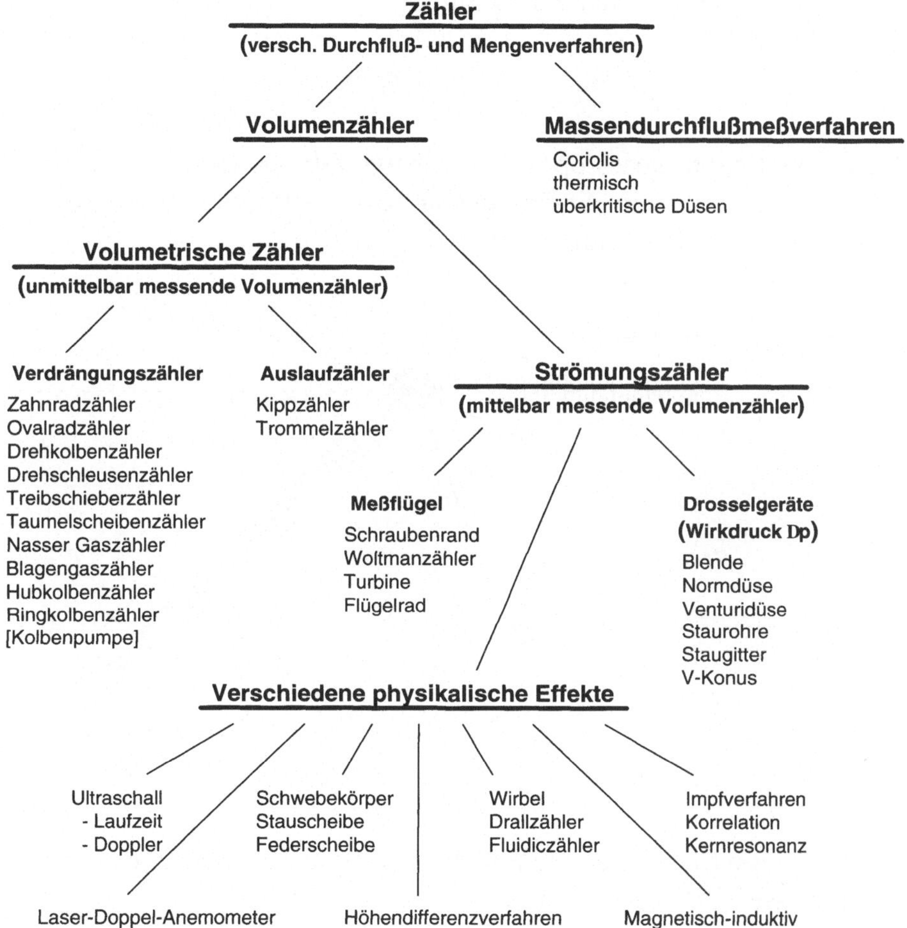

Bild 4.16: Zusammenstellung von Durchfluss- und Mengenmessverfahren

Das Bild 4.16 nennt eine Vielzahl von physikalischen Effekten. Die charakteristische Kenngröße Messbereich/Ansprechwert schwankt von 100 (Flügelrad) bis 10.000 (Dopplereffekt).

Dieses Dopplereffektprinzip ist in Bild 4.17 dargestellt. Dabei wird kohärentes Laserlicht der Frequenz ν durch Streuung an Partikeln in der Flüssigkeit dopplerverschoben und in einem Detektor als ν'' detektiert. Unter Berücksichtigung der geometrischen Anordnung erhält man dadurch eine Dopplerverschiebung $\nu_D = \nu'' - \nu$, die proportional zur Geschwindigkeit $\vec{u}$ der Partikeln ist:

$$\nu_D = \frac{1}{\lambda} u_\perp 2 \sin \Theta/2$$

Das Zeitverhalten dieses optischen Messverfahrens wird im Prinzip nur durch die Lichtwege im Strömungsmedium bestimmt. Es ist jedoch in der Praxis durch den Photodetektor begrenzt.

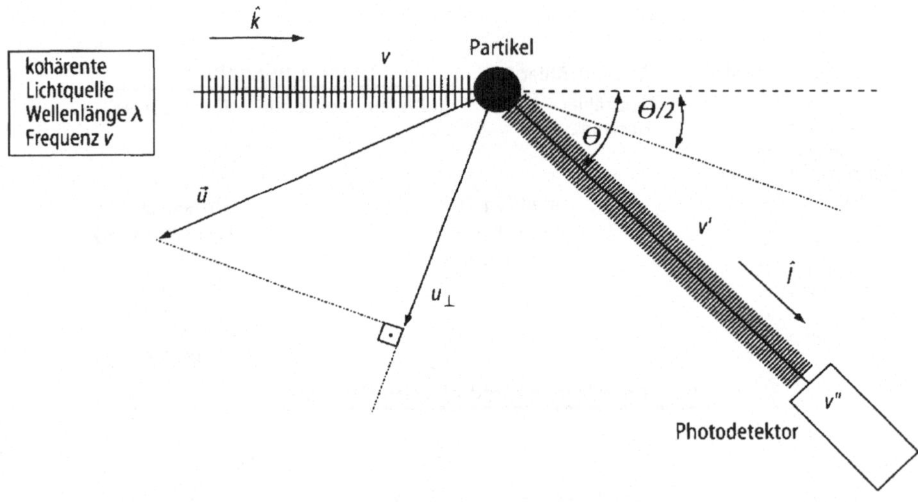

Bild 4.17: Optischer Dopplereffekt zur Messung der Durchflussgeschwindigkeit (Laser-Doppler-Anemometer), aus Tränkler

4.4.5 Präsenzdetektoren/Stückzahlsensorik

Bei vielen Prozessen ist die Anwesenheit eines Objektes (Präsenz) an einer bestimmten fest vorgegebenen Position und/oder die Zählung der an dieser Position vorbeigeführten Stückzahlen erforderlich. Für diese Aufgabe kommen sehr viele unterschiedliche physikalische Effekte zur Anwendung. Induktive Anwesenheitssensoren (Pulsoren) erzeugen ein hochfrequentes elektromagnetisches Feld. Dringt ein metallischer Teil in dieses Feld ein, wird durch die entstehenden Wirbelströme das Feld geschwächt. Diese Feldschwächung wird durch einen Empfänger detektiert. Stückzahlen werden durch die Auswertung von Anwesenheitssignalen berechnet. Bei größeren Abständen zwischen Objekt und Detektor, werden Ultraschallpräsenzdetektoren oder Bildverarbeitungssensoren eingesetzt. Bei beiden Prinzipien können neben der bloßen Präsenz auch Muster erkannt oder Bewegungen registriert werden. Ultraschall wird häufig bei der Steuerung von Transportvorgängen, der Anzeige von Objekten auf Förderbändern und dem Kollisionsschutz bei fahrerlosen Transportfahrzeugen eingesetzt. Auch in der Sicherheitsüberwachung gefährlicher Bereiche wird Ultraschalldetektion eingesetzt. Das Prinzip der Abstandsmessung erfolgt gemäß der Beziehung $d = \frac{CT}{2}$, mit d = Abstand zum Objekt, T Laufzeit, C Schallgeschwindigkeit im Ausbreitungsmedium.

Die Bildverarbeitung ist bei hoher Verarbeitungsgeschwindigkeit die wichtige Voraussetzung für das Positionieren von Bauelementen auf Leiterplatten bei Bestückungsautomaten. Bei Hochgeschwindigkeitsprozessen spielen Baugröße, Arbeitsbereiche, Leseabstände, Umgebungsbedingungen, Robustheit, Zuverlässigkeit und natürlich die Kosten eine entscheidende Rolle. Dementsprechend groß ist die Vielzahl an technischen Lösungen.

Im Bild 4.18 ist eines für Entfernungen über 5cm häufig verwendetes Prinzip (Mikrowellensensorik) dargestellt. Dabei beeinflusst ein einfacher Mikrocontroller die Resonanzfrequenz einer Mikrowellen-Spule im Rhythmus eines auf dem Codeträger gespeicherten Codes.

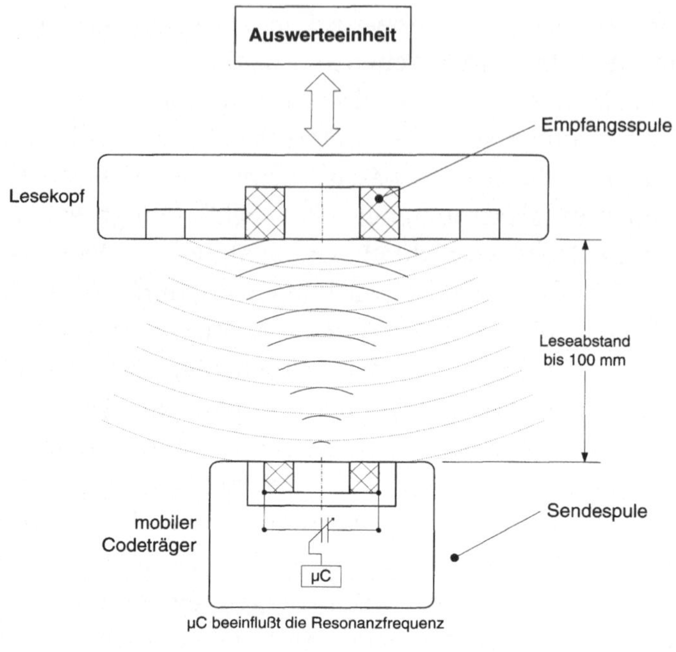

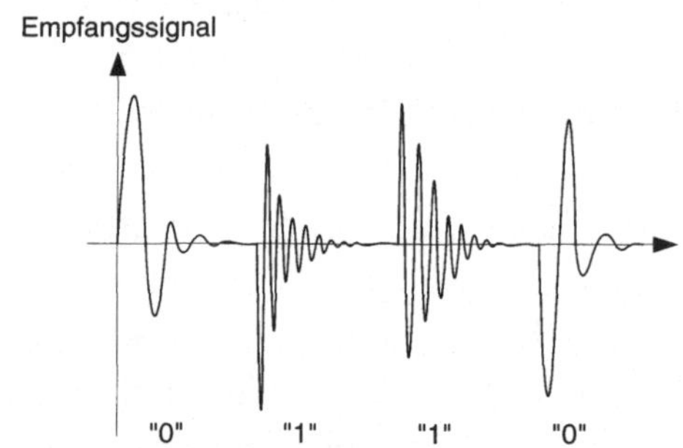

Bild 4.18: Prinzipdarstellung eines Mikrowellen-Identifikationssystems

Mikrowellensysteme können auch bei der Füllstandsmessung über Laufzeitmessverfahren zwischen Detektor und Flüssigkeitsoberflächen vorteilhaft eingesetzt werden. Dies hat z.B. bei chemisch aggressiven Atmosphären große Vorteile.

4.4.6 Sensoren für chemische Größen

Die Stoffkonzentration in flüssigen und gasförmigen Medien werden meistens mit chemischen Sensoren gemessen. Derartige Messungen erhalten durch die Umweltschutzbestimmungen, aber auch für die effiziente Beherrschung von industriellen Prozessen der Chemie, Lebensmitteltechnik, Fermentierung und Wasserbehandlung starke Bedeutung. Bei Flüssigkeiten müssen vor allem der ph-Wert, die Dichte, die Lösungskonzentration und die Leitfähigkeit erfasst werden. Als Umwandlungsprinzipien der chemischen Größen in elektrische Sensorsignale eignen sich die Potentiometrie, die Konduktometrie und die Lichtabsorption. Die Spannungsmessung erfolgt zwischen einer Bezugselektrode und der Indikatorelektrode, die aufgrund der Stoffkonzentration in der zu messenden Flüssigkeit spezifisch reagiert. Eine bekannte Elektrode ist die Redoxelektrode bei der Ionen durch Aufnahme (Reduktion) oder Abgabe (Oxidation) eines Elektrons in einander übergeführt werden. Zum gezielten Nachweis einzelner Stoffe werden ionenselektive Elektroden eingesetzt.

Die Leitfähigkeitsmessung (Konduktometrie) ist eine Messung, die sich gut für Überwachungsaufgaben von Abwässern eignet, wobei allerdings nur Summenparameter erfasst werden können. Für Anwendungsfälle bei sehr aggressiven Medien ist ein induktives Verfahren bekannt, wobei Spulen über das Messmedium gekoppelt sind. Optisch-elektronische Detektoren erkennen die Stoffkonzentration über die Absorption von Licht durch das Medium. Auch die Reflexion oder der Brechungsindex oder die Fluoreszenz eignet sich zur Messgrößenumwandlung.

Die kontinuierliche Bestimmung von Substanzen in gasförmigen Medien basiert häufig auf der Wechselwirkung des Gases mit einem sensitiven Material, die zur Änderung der elektrischen Eigenschaften des Materials führt. Vorteilhaft sind halbleitende Metalloxide, die bei erhöhter Temperatur (300°C) die Eigenschaft besitzen, ihren Widerstand in Abhängigkeit der Konzentration bestimmter Gase zu ändern. Die Änderung des Widerstandes erfolgt durch Adsorption (Anlagerung) von Gasen und damit erfolgender Bindung von Elektronen.

Die sogenannte Lambda-Sonde (Bild 4.19), ein Sauerstoffsensor, der vor allem in der Kraftfahrzeugtechnik Verwendung findet, funktioniert

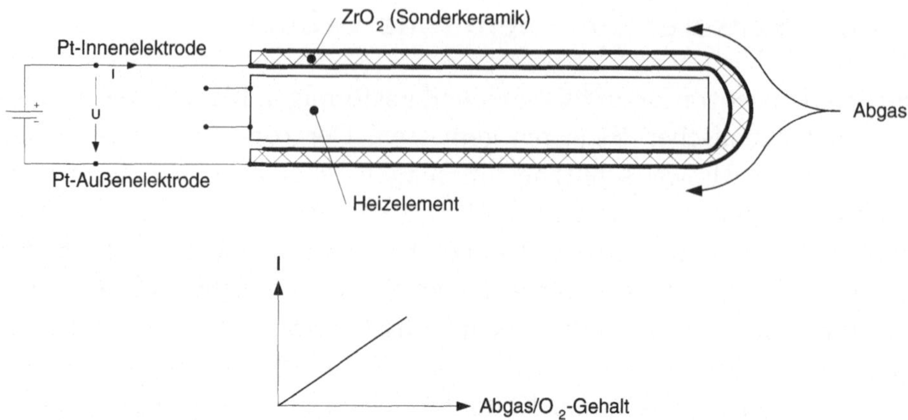

Bild 4.19: Messung des Sauerstoffgehaltes in Abgasen mit einer Lambda-Sonde

ebenfalls nach diesem Prinzip. Mit einem Heizelement wird der Sensor auf Betriebstemperatur (ca. 650°C) gebracht. Zur Bestimmung des Widerstandes wird an die Elektroden eine Spannung von 0.4 - 1 V angelegt. Der dadurch entstehende Strom ist ein Maß für die Sauerstoffkonzentration im Abgas.

Für das Verhältnis MB/A können Werte bis zu 1000 erreicht werden, wobei Konzentrationen bis zu einem kleinsten Ansprechwert von 0,01 ppm möglich sind.

Bei Methan verringert sich z.B. der Sensorwiderstand R_s/R_o um ca. 30% bei einer Verdoppelung der Gaskonzentration.

Interessante Entwicklungen sind durch die Mikrosystemtechnik zu erwarten. Da für die Gasanalyse auch die Wärmeleitfähigkeit herangezogen werden kann, ist ein mikromechanisch strukturierter Siliziumchip als Wärmesenke und ein Heizwiderstand auf einer Membran als Wärmequelle geeignet einen Gassensor in Chipgröße zu bauen. Diese Miniaturisierung bietet große Chancen für den Einsatz von Multisensoren bei empfindlichen Gasmessungen.

4.5　Erkennen und Bewerten der schwer quantifizierbaren Kenngrößen von Industrieprozessen

These 31 *Wie eingangs zu diesem Kapitel dargestellt, gibt es im durchgängigen industriellen Prozess noch viele Outputs, die schwer erfassbar sind oder Outputs, die nur indirekt erfassbar sind.*

Im Sinne der These 24 stellen wir hier einige Möglichkeiten vor und gliedern in integrale Messgrößen und Detailgrößen: Integral sind z.B.: der „Return on Investment" (Ergebnis zu Aufwand), die „Time to Market", der Innovationsgrad, die Effizienz durch Unternehmenskultur, die Kundenakzeptanz durch vertrauensbildende Maßnahmen.

Als relativ leicht zu bewertende Detailgrößen führen wir an: Zeit- und Kostenersparnis durch eine Investition, Fehlerreduktion durch in-process Messtechnik, Materialkostensenkung durch e-business, höhere Marktanteile durch höhere Flexibilität.

Erfreulicherweise geht die moderne Betriebswirtschaft teilweise schon auf diese Parameter ein. Die in diesem Kapitel dargestellten Zusammenhänge können diese Entwicklung von der Engineeringseite her unterstützen.

These 32 *Um das Verhältnis Ergebnis zu Aufwand von umfassenden informationstechnischen Prozessen zu verbessern, sind Eigenschaften der Prozessführung notwendig, um deren Quantifizierung man sich bisher sehr wenig Gedanken gemacht hat. Das sind z.B. Innovationsgrad, Flexibilitätsgrad, Lage und Größe im Marktportfolio und Kundenzufriedenheit.*

Gerade bei diesen Parametern sind systematische Definitionen sehr wichtig. Innovation kann z.B. sowohl im Produkt als auch in der Verkaufsstrategie oder in mehreren Funktionen erfolgen (Siehe Bild 4.20).

Das in Bild 4.20 dargestellte Szenario der Innovation ist zwar nicht vollständig, es stellt aber die wichtigsten Innovationsmöglichkeiten dar. Die Gliederung geschieht nach dem Kriterium „exogen" = für den Kunden unmittelbar erkennbar, daher auch relativ leicht messbar und dem Kriterium „endogen" = für den Kunden nur indirekt erkennbar, daher nur indirekt über Produktmerkmale messbar.

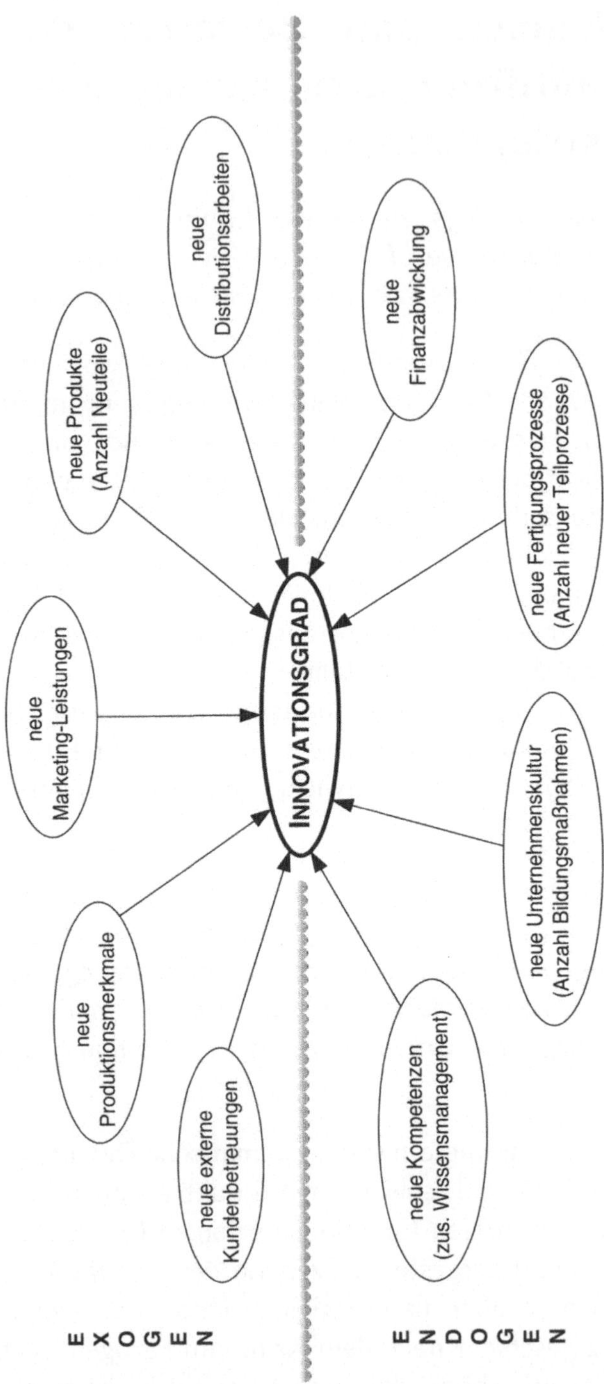

Bild 4.20: Sensorische Erfassung des Innovationsgrades

These 33 *Für diese schwer quantifizierbaren Größen werden Verhält-niszahlen als Maßstab vorgeschlagen. Diese Verhältniszahlen werden aus dem Veränderungsaufwand und dem Basisaufwand für unveränderte Arbeitsweisen gebildet. Damit erreicht man die Relativierung der Chancen und Risken für eine Neuheit.*

Der Innovationsgrad einer neuen Prozessentwicklung kann daher als Verhältnis:

$$\text{Innovationsgrad} = \frac{\text{Aufwand für neue Prozesse}}{\text{Aufwand für unveränderten Standardfall}}$$

und der Innovationsgrad einer neuen Produktentwicklung als das Verhältnis:

$$\text{Innovationsgrad} = \frac{\text{Anzahl der Neuteile}}{\text{Anzahl der unveränderten Standardteile}}$$

dargestellte werden.

Für die Ermittlung des Flexibilitätsgrades bieten sich ähnliche Verhältniszahlen an.

Bild 4.21 gibt einen Überblick über jene Flexibilitätsarten, die häufig von Seiten des Marktes gefordert werden. Diese Forderungen werden jenen Maßnahmen gegenübergestellt, die man zur Erfüllung dieser Wünsche einsetzen kann. So sind z. B. hochentwickelte CAD-Systeme der Schlüssel für eine vielseitige Produktflexibilität durch entsprechende Variantenkonstruktion. In der Fertigung/Montage sind es verschiedene Handling-Systeme sowie NC-gesteuerte Anlagen und Industrieroboter, die eine wirtschaftliche Umrüstung auf andere Produkte erlauben.

Neben den marktseitig gegebenen Flexibilitäten sprechen wir auch von detaillierten technischen Flexibilitäten, wie Planungsflexibilität, Umbauflexibilität, Umsteuerflexibilität, Umrüstflexibilität, Programmflexibilität, Störungsflexibilität etc.

Eine wichtige Eigenschaft aller Umstellungselemente ist nicht nur die Fähigkeit Änderungen möglichst schnell, sondern auch mit wirtschaftlichem Aufwand durchzuführen, wobei die Änderung nicht absolut gemessen, sondern im Verhältnis zu einer ungestörten Operation zu beurteilen ist.

Als Messgröße Flexibilität eignet sich daher das Verhältnis von Umrüstzeit zu Standardzeit eines Prozesses. Für eine Einzelteilfertigung

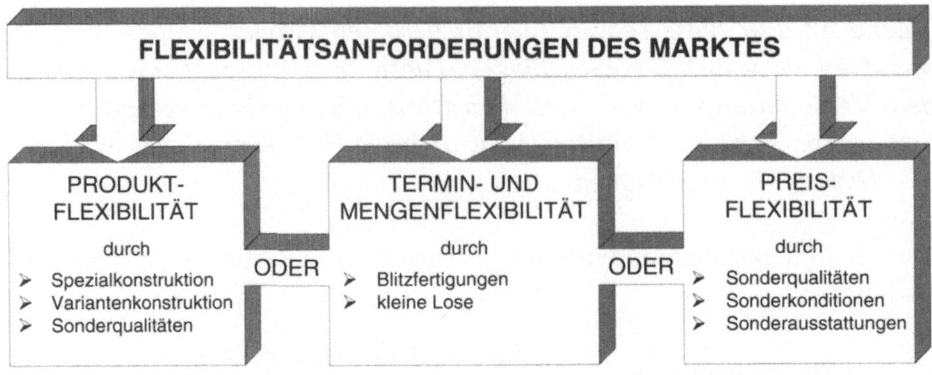

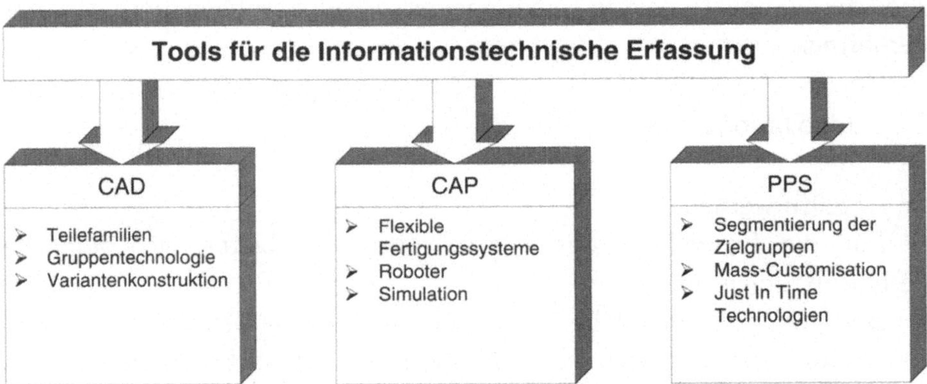

Bild 4.21: Maßnahmen zur Erreichung geforderter Flexibilitäten

heißt das z.B:

$$\text{Flexibilität} = \frac{t_r + t_p + t_v}{t_h}$$

$t_r = $ Rüstzeit

$t_p = $ Umplanungszeit

$t_v = $ Verteilzeit

$t_h = $ Hauptzeit für Standardprozess

Noch schwieriger ist die Messbarkeit strategischer Planung, z.B. der
Position von Produkten bzw. Dienstleistungen im komplexen Marktportfolio. Bild 4.22 zeigt, dass die Produkte im Portfolio durchaus nach Lage
und Größe messbar sind. Das Problem liegt aber in dem für diese Messung sehr hohen Aufwand. Es setzt nämlich das Vorhandensein einer

genauen Kenntnis von Marktanteil und Marktwachstum voraus, was im allgemeinen nur mit der „Sensorik" eines umfassenden Marktforschungsinstrumentariums möglich ist.

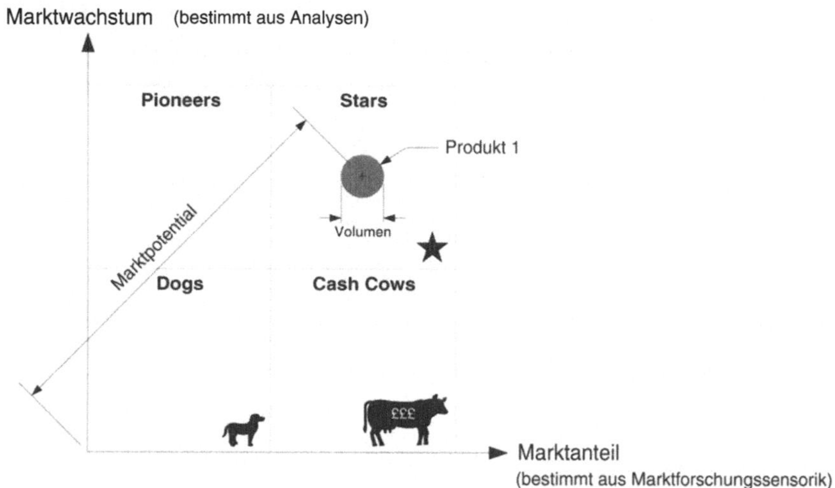

Bild 4.22: Erfassung von Marktpotential und -volumen

Sehr innovative Produkte („Pioneers") haben im Status der Idee sicher einen völlig unbekannten kleinen Marktanteil, aber erhoffen ein großes Marktwachstum. Wenn diese Produkte rechtzeitig auf den Markt gelangen, können sie ein großes Volumen (dargestellt durch Größe des Kreisdurchmessers) erreichen und „Stars" werden. Hingegen müssen Produkte in einem Gebiet eines ausgereiften Marktes und geringem Marktanteil („Dogs") mit erfolgreichen Angriffen der großen Marktführer rechnen. Marktführer können durch ihre Marktmacht ihre ausgereiften Produkte („cash cows") mit vielen Preismethoden erfolgreich durchsetzen. Die Beispiele Innovation und Flexibilität erfordern wie bei jeder Quantifizierung auch die Lösung der Maßstabsfrage. Ohne Vergleiche kommt es zur Gefahr von Über- oder Untersteuerung beim Ausregeln von Veränderungen.

These 34 *Komplexe Industrieprozesse benötigen klare Festlegungen von Outputgrößen und deren Messbarkeit. Für informationstechnische Parameter eignet sich das Benchmarking, der Vergleich mit jenem Standard, der durch die jeweils „besten" bekannten Prozesse vorgegeben ist.*

Wenn wir davon ausgehen, dass der Wettbewerb ein wichtiges und anregendes Stimulans des Fortschrittes ist, dann bekommt die Beobachtung des Marktes und der Wettbewerber eine große Bedeutung. Da Industrieprozesse auf der anderen Seite hoch dynamisch sind, reicht keinesfalls ein bloßes Beobachten und Nachmachen, sondern es ist kontinuierliches Verbessern des Standards der Technik erforderlich.

Kapitel 5

Aktoren, Mechatronik, Roboter:
Agieren - Handeln - Steuern

These 35 *Nach dem Erkennen von Anforderungen oder des Antriebes für neue Lösungen ist technisches und parallel dazu informationstechnisches Handeln notwendig. Technische Aktoren sind meist mechatronische Stellglieder, Motoren etc. Informationstechnische Aktoren führen die Prozesse über Auftragsabwicklung, Betriebsdatenauswertung und Softwaretools.*

These 36 *Das Wirkungsziel des durchgängigen Industrieprozesses muss es sein, die aus Beobachtungen, Messsignalen oder Informationen gewonnenen Erkenntnisse möglichst schnell, wirtschaftlich und zuverlässig in entsprechende Aktivitäten einzubringen. Anders ausgedrückt, analysiere genau warum und weshalb, und dann agiere schnell und richtig.*

Diese an sich trivialen Thesen sind im Industriebetrieb aus mehreren Gründen gar nicht so einfach zu realisieren. Erstens gibt es für viele Aktionen noch keine eindeutigen Wirkungsketten und zweitens gibt es für viele Erkenntnisse auch mehrere unterschiedliche Wege. Weiters können die Umwandlungen in Aktionen entweder binär (auf/zu, links/rechts,..) oder durch kontinuierliche Abläufe erfolgen.

Bevor wir die Realisierung dieser Thesen im Detail beschreiben, behandeln wir zunächst einige wesentliche Grundlagen, Definitionen und Kenngrößen.

5.1 Grundlagen, Definitionen und Kenngrößen

Agierende industrielle Prozesse gestalten den Material- oder Informationsfluss durch gezielte Umwandlung von Steuerinformationen und -signalen in mechanisches, elektronisches, fluidisches oder informationstechnisches Arbeitsvermögen.

Das mechanische Arbeitsvermögen erhält entweder einfache binäre Befehle („ja/nein" , „auf/zu" , „links/rechts") , oder kontinuierliche Aufgaben (Lageregelung, Kraft- oder Temperaturadaption etc.).

Das Bemühen geht dahin, alle derartigen Arbeiten zu automatisieren, um dem Verlangen nach Arbeitserleichterung für den ausführenden Menschen (Humanisierung) und dem Zuverlässigkeitsverlangen nach gleichbleibender Qualität (weniger menschliche Fehler) zu entsprechen.

Die Anwendungsgebiete von Aktoren sind außergewöhnlich groß und sehr heterogen, obwohl es eigentlich immer um dasselbe Prinzip „Signalumwandlung in Bewegung" geht.

Im Rahmen dieses Lehrbuches wird versucht, jene Gemeinsamkeiten aufzuzeigen, die bei den meisten Anwendungen vorhanden sind. Damit soll die Synthese und Planung von komplexen industriellen Aktivitäten etwas überschaubarer und allgemein gültiger beschrieben werden.

Wegen der Anwendungsbreite gibt es derzeit keine genormte Aktor-Definition, was bei der Systemsynthese berücksichtigt werden muss. Besonders komplex wird der Aktorbereich, wenn man Aktoren nicht nur zur Beeinflussung von Material- und Energieflüsse, sondern auch für Kommunikationsflüsse einsetzen will.

Zwei gebräuchliche Definitionen für Aktoren umschreibt Hartmut Janocha im bisher einzigen Buch über Aktoren anhand einer Vereinbarung auf einem Wissens-Transfer-Kongress in Bremen im Jahre 1988 und mit Berücksichtigung der DIN Normen 19226 und 19237:

Definition 24 *„Aktoren setzen Steuersignale aus einem Teilprozess entweder direkt oder indirekt (mit Hilfsenergie) in mechanische oder informationstechnische Arbeit um."*

Definition 25 *Ein Aktorsystem besteht i.a. aus mehreren Komponenten und zwar aus:*

- *Schnittstelle zu Informationssystemen,*

- *Steuereinheit für die Steuerung der Energiequellen und*

- *Umwandlung der Information in Energie (eventuell mit Hilfsenergiezufuhr),*

- *Stellglied zur mechanischen oder energetischen Operation (Bewegung, Kraft etc.)*

wodurch eine Verkettung von Mechanik, Steuerungselektronik und Informationstechnik erreicht wird. Dies ist in Bild 5.1 dargestellt.

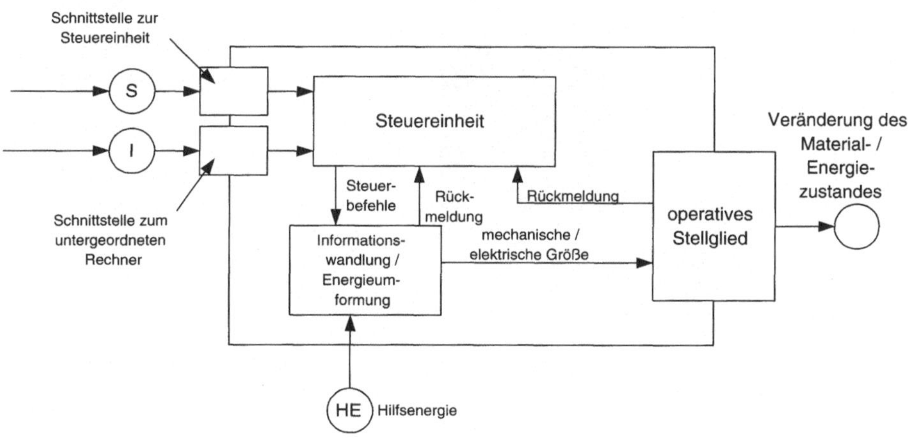

Bild 5.1: Generelle Struktur eines Aktorsystems

Wie bei jedem System, ist auch beim Aktorsystem die Festlegung der Systemgrenzen notwendig. Industrielle Prozesse reichen von einfachen EIN/AUS-Aktoren bis zu komplexen Entscheidungsaktionen auf den Unternehmensebenen.

These 37 *Aktoren können stochastisch (z.B. nach der Methode „trial and error"), geplant (z.B. von einem guten Steuerorgan) oder geregelt (z.B. innerhalb eines beherrschbaren Prozesses) agieren. Die getroffene Wahl entscheidet über so wichtige Faktoren der Industrie wie*

Zuverlässigkeit, Risiko, Innovation, Time to Market und Return on Investment.

Kleine und einfach wirkende Aktoren sind der Transistor oder das fluidtechnische Ventil, deren Ausgangsgrößen von einer Hilfsenergie getragen werden. Die Kombination einfacher Basisaktoren zu größeren Aktoren und Aktorsystemen ermöglicht eine Leistungssteigerung bis zu großen Systemumfängen. Ein aus einer Fülle von Einzelaktoren zusammengesetzter vielseitiger, flexibler und zuverlässiger Aktor ist der Roboter. Aufgrund seiner großen Bedeutung in der Automatisierungstechnik wird in Abschnitt 5.5 auf die Aktivitäten des Roboters besonders eingegangen.

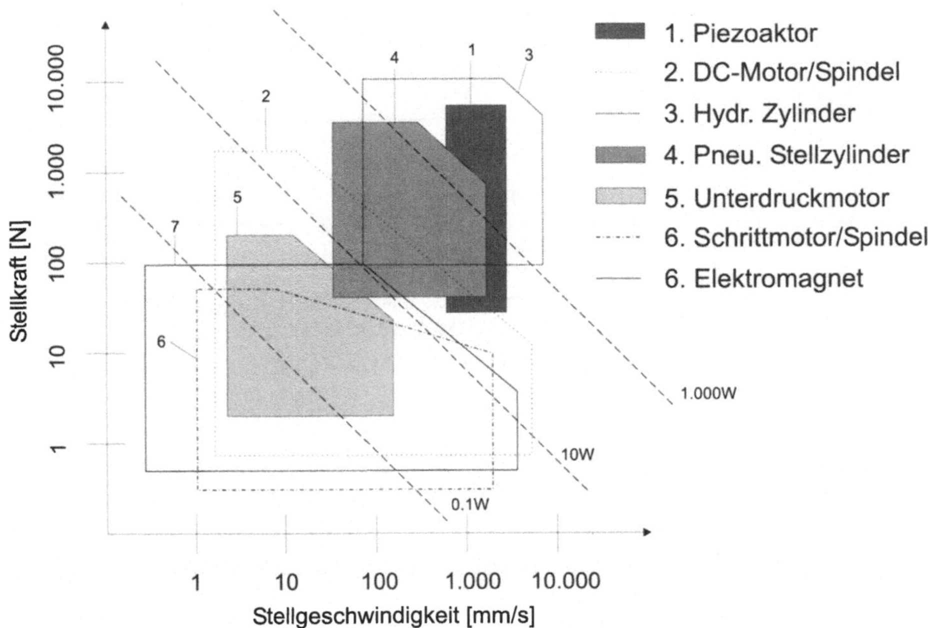

Bild 5.2: Einsatzgebiete elektrischer, hydraulischer und pneumatischer Aktoren, aus Isermann)

These 38 *Es gibt bei Aktoren einige Kenngrößen, die für den Einsatz in Industrieprozessen entscheidend und für Aktoren in beliebigen Arbeitsbereichen gültig sind. Es sind dies:*

Stellgeschwindigkeit, Stellkraft, Stellzeit, Stellbereiche und kleinster Stellschritt, Stellgenauigkeit, Wirkungsgrad (Verhältnis Nutz- zu Input-Energie) und äußere Abmessungen.

Abgesehen von rein elektronisch wirkenden Stellgliedern bei denen keine Stellwege, sondern nur Schaltzustände verändert werden, können mit o.a. Kriterien die Aktorprinzipien z.B. gemäß Bild 5.2 gegliedert werden. Der kleinste Stellschritt ist das Analogon zur kleinsten Auflösung bei Sensoren.

So wie im Kapitel 4.5 die sogenannten „nichttechnischen" Sensoren als wesentlicher Bestandteil der Industrieprozesse besprochen wurden, existieren auch in der Aktorik eine große Zahl von informationstechnischen Aktoren.

Diese „arbeiten" entsprechend der unternehmerischen Ebenengliederung vor allem auf den Betriebs- und Unternehmensleitebenen. Z.B. erfolgen dort die Entscheidungsaktionen über das inhaltliche Mengengerüst von Produkten, deren Mengen sowie deren Herstellung mit entsprechenden Kapazitäten und Qualitäten und Terminen.

These 39 *Ganzheitliche Industrieprozesse verlangen geplante und exakte Agilität auf allen Arbeitsebenen, d.h. auch auf den Ebenen des Engineerings und sogar der strategischen Planung. Anwendungen auf höheren Ebenen bezeichnen wir als „führungstechnische" Aktoren. Diese sind wesentliche Elemente des methodischen Engineering.*

5.2 Direkte Aktoren für Materialfluss- und Materialbehandlungsprozesse

Materialprozesse transportieren, transformieren oder speichern festes, flüssiges oder gasförmiges Material.

Das zu verändernde Ausgangsmaterial kann als Einzelstück, als Schüttgut oder flüssiger bzw. gasförmiger Stoff vorliegen. In den Bildern 5.3 und 5.4 sind gängige Stellglieder schematisch dargestellt.

Zur Verstärkung des Arbeitsvermögens von Materialflussaktoren werden mechanische, fluidtechnische oder elektrische Hilfsenergien benötigt. Diese Hilfsenergien leisten meist nur kleine Schalt- oder Bewegungsleistungen, durch die aber größere Arbeitsleistungen erreicht werden.

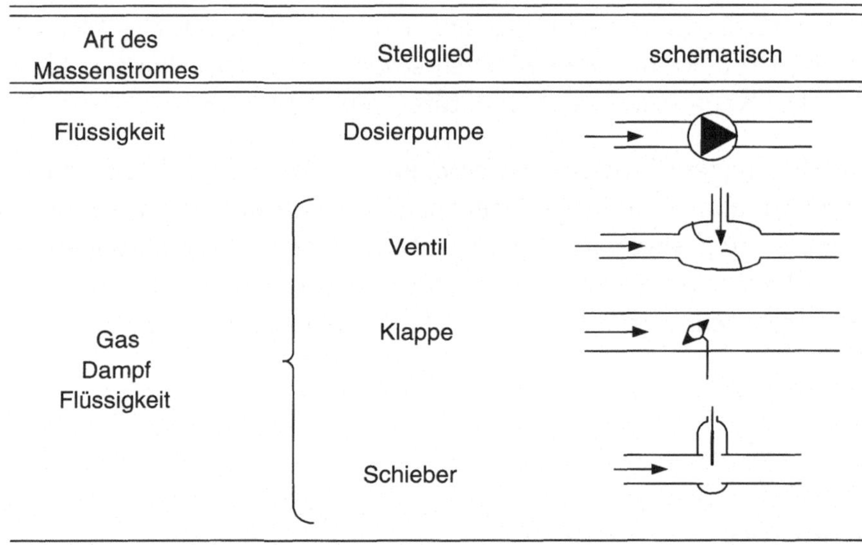

Bild 5.3: Aktoren zur Beeinflussung von flüssigen, gas- und dampfförmigen Materialflussprozessen

Derzeit sind bei Materialflussaktoren Stellgeschwindigkeiten bis zu 15.000 mm/sec (pneumatisch) und Stellkräfte bis zu 10.000 N (hydraulisch) möglich. Für das Verhältnis von maximaler Stellbereich zu minimalem Stellschritt sind Größenordnungen von 10^6 erreichbar.

Art des Massenstromes	Stellglied	schematisch
Schüttgüter	Abzugschieber	Fläche einstellbar
	Förderband unc Zuteiler mit einstellbaren Getriebe	n einstellbar

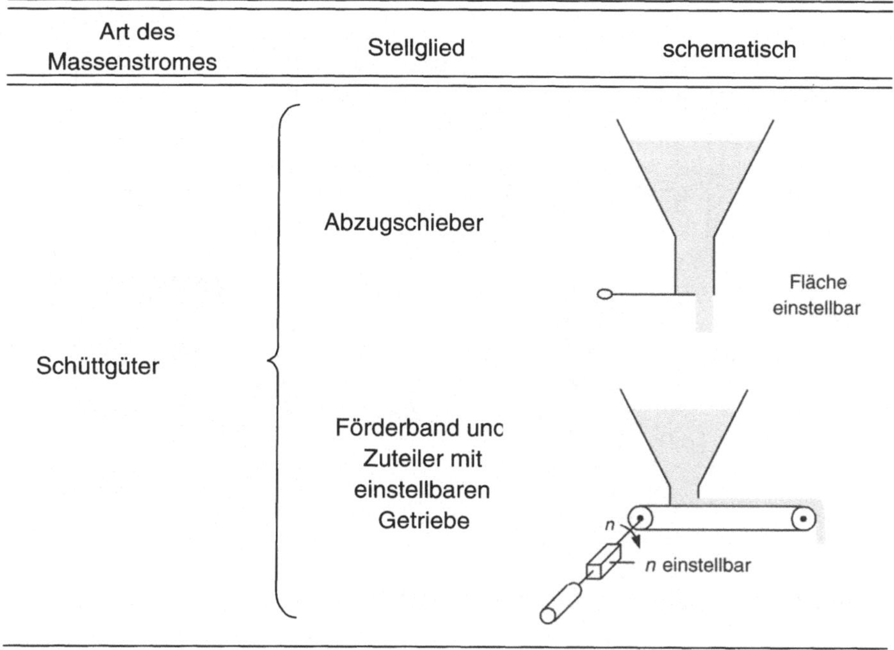

Bild 5.4: Aktoren zur Beeinflussung von Schüttgütern

Charakteristische Beispiele für Aktorsysteme mit mechanischer Hilfsenergie werden in Bild 5.5 (Federenergie und Energie durch Materialdehnung) und fluidtechnischer Energie in den Bildern 5.6 bis 5.8 dargestellt.

Der Thermoschalter in Bild 5.5 hat zwei Quellen mechanischer Hilfsenergie. Einerseits einen Dehnstoff, der den Schaltkontakt durch Materialausdehnung schließt und so einen Stromfluss über die beiden Anschlusskontakte ermöglicht. Andererseits die Feder, die den Schaltkontakt beim Zusammenziehen des Dehnstoffes sicher öffnet. Der so getaktete Stromfluss kann direkt zur Beeinflussung von Energieströmen oder indirekt (über elektronische Stellglieder) zur Beeinflussung von Materialströmen, z.B. für die Betätigung eines Schieber nach Bild 5.3, verwendet werden.

Für Stellzeiten von 10ms eignet sich die pneumatische Energie. Stellglieder mit pneumatischer Energie erreichen große Stellwege mit höchster Stellzeit. Hydraulische Stellzylinder erreichen hohe Stellkräfte bis zu 10.000N. Noch geringe Stellzeiten erreichen Piezoaktoren mit

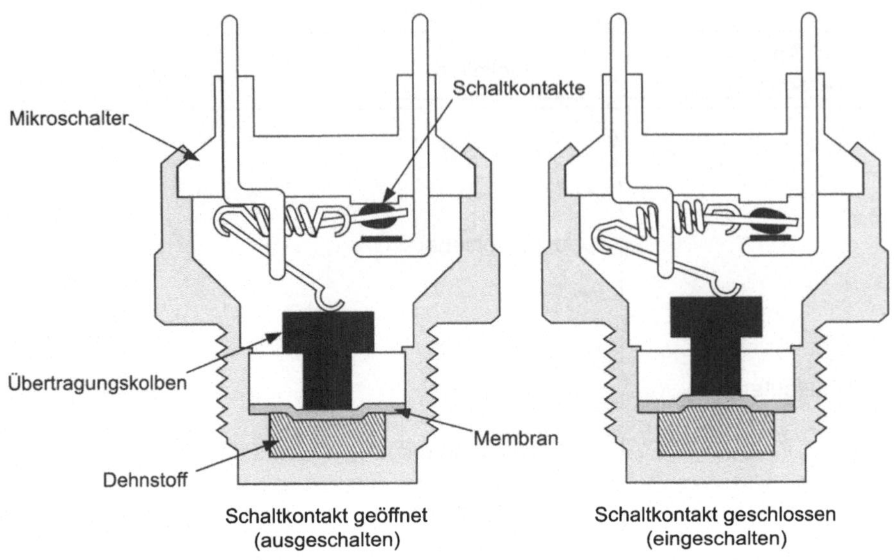

Bild 5.5: Prinzip des Thermoschalters mit Federvorspannung

s=0.5ms und Elektromagneten mit s=1ms während Schrittmotoren etwa 10ms erreichen. Bei pneumatischen Aktoren handelt es sich um fluidtechnische Aktoren, bei denen die Energie des Gasstromes durch entsprechende Steller, die beispielsweise elektromagnetisch angesteuert werden, dosiert und in eine mechanische Größe wie Weg, Geschwindigkeit oder Kraft einer Längs- oder Rotationsbewegung umgewandelt wird. Die Funktionsweise von pneumatischen und hydraulischen Stellglieder ist in Bild 5.6 und Bild 5.8 gezeigt.

In der Pneumatik finden im Gegensatz zur Hydraulik relativ niedrige Drücke im Bereich von typisch 6 bis 10 Bar Anwendung. Dadurch können hohe Strömungsgeschwindigkeiten in den Leitungen zugelassen werden. Pneumatische Aktoren eignen sich besonders zum Transport leichter Massen mit hoher Geschwindigkeit wie beispielsweise beim Be- und Entladen von Fertigungsmaschinen. Pneumatische Aktoren sind entweder Schaltventile oder Arbeitsmotoren.

Elektropneumatische Schaltventile verfügen über eine endliche Zahl von stabilen Ventilstellungen, d.h. die pneumatischen Kenngrößen Druck und Volumenstrom können nur insoweit beeinflußt werden, als dass sie dem Verbraucher zur Verfügung gestellt werden oder nicht. Eine stufenlose Dosierung, wie bei stetigen Ventilen, ist nicht möglich.

In Bild 5.6 ist das Schaltsymbol eines 5/2-Wegeventils mit Steuerhilfsluft-Anschluß dargestellt. Die Bezeichnung 5/2 steht für in Summe fünf pneumatische Ein- und Ausgänge (Druckluftanschluß, Arbeits- und Ausgangsleitungen sowie Entlüftungen) und für zwei mögliche Schaltstellungen (als Wege bezeichnet).

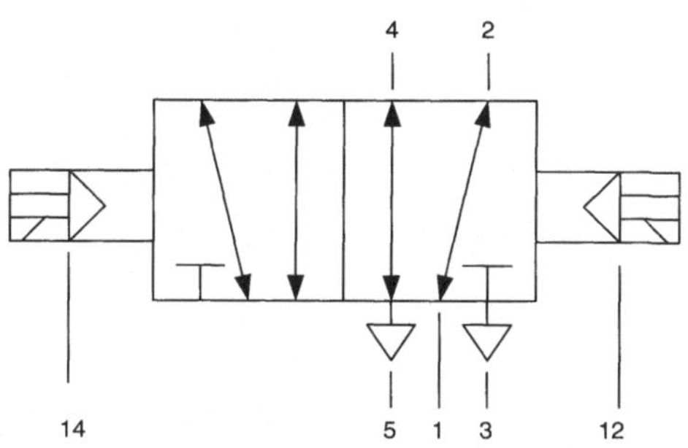

Bild 5.6: Schaltsymbol eines fluidtechnischen, bistabilen 5/2 Wegeventils mit Steuerhilfsluftanschluß

Die Bezeichnung der Anschlüsse ist nach DIN 5599 festgelegt:

1	(P)	Druckluftanschluß
4, 2	(A, B)	Arbeits -bzw. Ausgangsleitungen
5, 3	(R)	Entlüftungen
12, 14	(Pz)	Steueranschlüsse
		(elektromagnetische Vorsteuerung mit Steuerhilfsluft)

Das Ventil wird durch wechselseitiges Zuschalten der Spannung an die Magnetspulen umgesteuert und behält die Schaltstellung auch nach Wegnahme des Signals bis zum Gegensignal bei. Man spricht hier von einem bistabilen Wegeventil. In Bild 5.7 ist ein monostabiles Wegeventil dargestellt.

Es handelt sich dabei um ein 5/2-Wegeventil mit integrierter Rückstellfeder. Dieses Ventil wird durch Zuschalten der Spannung an die Magnetspule umgesteuert, der Ventilkolben wird jedoch nach Wegnahme des Signals durch die Federkraft wieder in die Ausgangslage zurückbewegt. Elektropneumatische Wegeventile werden meist zum Starten und

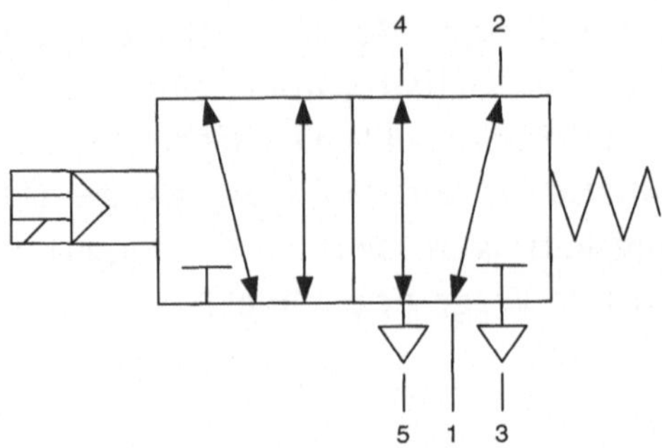

Bild 5.7: Schaltsymbol eines monostabilen 5/2-Wegeventils mit Rückstellfeder

Stoppen einer Bewegung sowie zur Änderung der Bewegungsrichtung von pneumatischen Antrieben benutzt.

Je nachdem, ob eine drehende oder geradlinige Bewegung erzeugt wird, unterscheidet man zwischen Linear- und Drehzylindern. Außerdem besteht noch eine Differenzierungsmöglichkeit in Zylindern mit und ohne Kolbenstange.

Linearzylinder können einfach- oder doppeltwirkend aufgebaut sein. Bei den einfachwirkenden Zylindern erfolgt das Ausfahren pneumatisch, während das Einfahren durch eine äußere Kraft (z.B. Federkraft) bewirkt wird. Bei den doppeltwirkenden Zylindern werden beide Verfahrrichtungen pneumatisch erzeugt.

In Bild 5.8 sind zwei verschiedene Arten der Ansteuerung eines doppeltwirkenden Zylinders angegeben. In der linken Teilabbildung wird der Zylinder über ein 5/2-Wegeventil angesteuert, während in der zweiten Teilabbildung die Ansteuerung über zwei 3/2-Wegeventile vorgenommen wird. Beide Ansteuerarten eignen sich nur zum binären Verfahren der Kolbenstange (eingefahren, ausgefahren), nicht aber zum kontinuierlichen Verfahren dieser Stange in Einzelschritten, die programmierbar sind.

Ergänzt man die Aktorik des Zylinders mit einem Wegmesssystem, das entsprechende Auflösung besitzt und einer numerischen Steuerung, dann kann man sogar eine „Sensorpneumatik" aufbauen. Das Prinzip dieser Sensorpneumatik ist in Bild 5.9 am Beispiel einer Maschinenführung wiedergegeben.

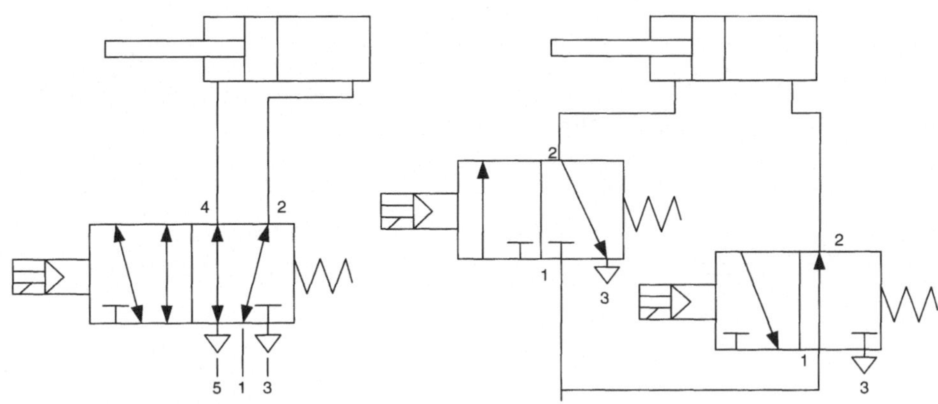

Bild 5.8: Ansteuerungsarten eines doppeltwirkenden Zylinders

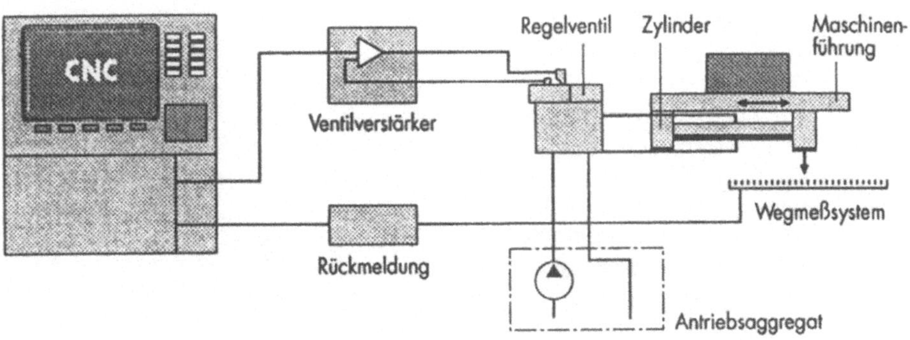

Bild 5.9: Prinzip eines servopneumatischen Vorschubantriebs bei der Hochgeschwindigkeitspositionierung

5.3 Direkte Aktoren für die Beeinflussung von Energieströmen

Energieströme können im Prinzip unstetig oder stetig beeinflusst werden. Die bekanntesten Aktorenprinzipien sind schematisch in den Abbildungen 5.10 und 5.11 dargestellt.

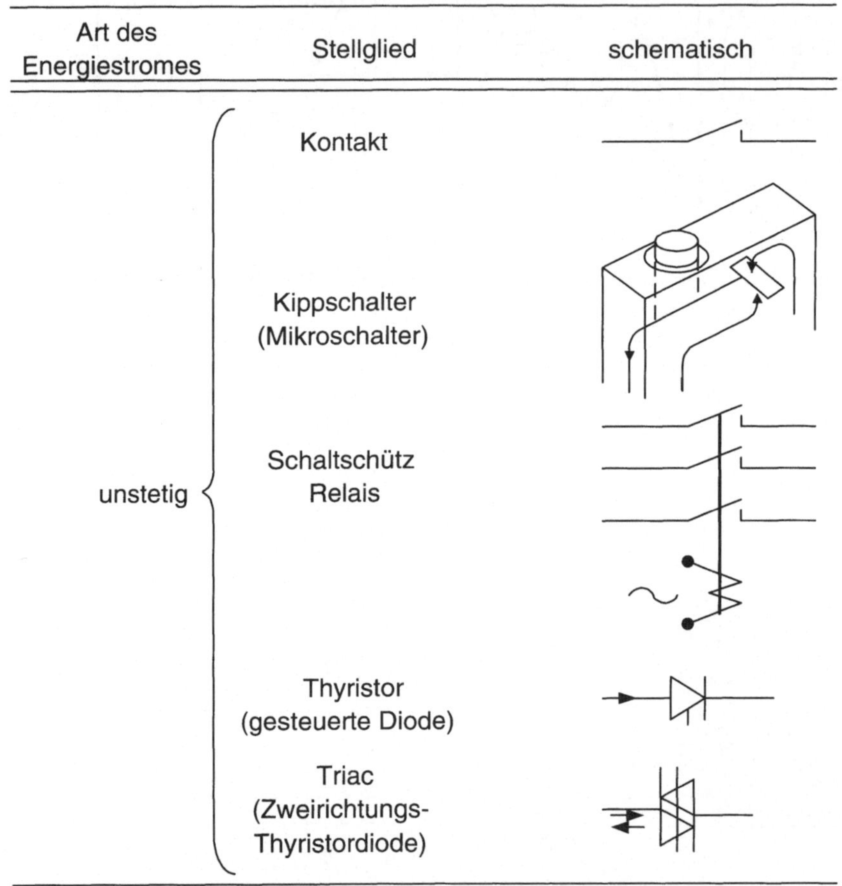

Bild 5.10: Aktoren zur Beeinflussung von unstetigen Energieflüssen

Für direkt wirkende elektromagnetische Aktoren entstehen in der Halbleitertechnik laufend neue Dioden, Transistoren oder Smart Power Module.

Für die klassischen elektromagnetischen Aktoren, insbesondere die

Art des Energiestromes	Stellglied	schematisch
stetig	Stellwiderstand	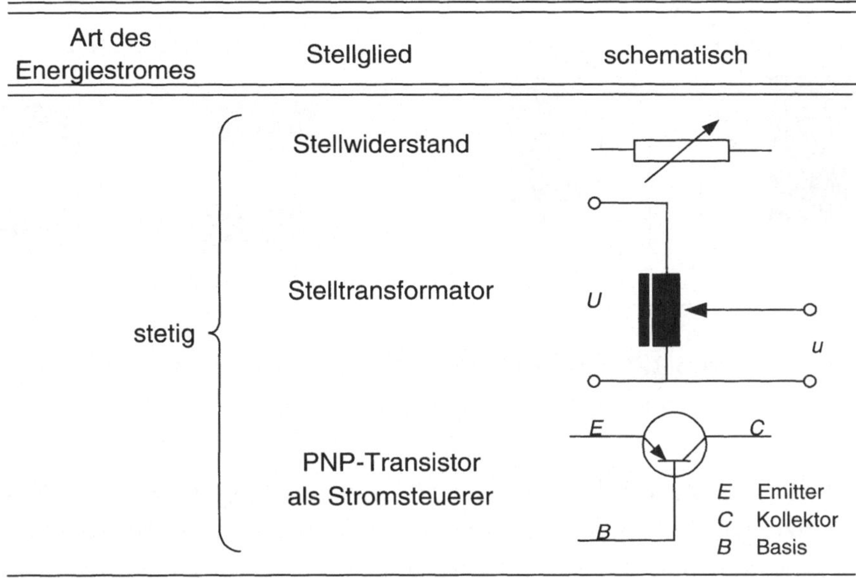
	Stelltransformator	
	PNP-Transistor als Stromsteuerer	

Bild 5.11: Aktoren zur Beeinflussung von stetigen Energieflüssen

verschiedenartigen Gleichstrom-,Wechselstrom-, Elektronik- und Servo-Motoren, gibt es eine stets anwachsende Zahl von neuen Entwicklungen.

Diese motorischen Aktoren haben im allgemeinen einen sehr hohen linearen Stellbereich, wenn die Drehung über mechanische Spindeln in eine geradlinige Bewegung umgewandelt wird. Diese Kombination ist vor allem an mechanisch gesteuerten Positionierantrieben bei Werkzeugmaschinen und Industrierobotern, aber auch bei Schieberverstellungen gemäß Bild 5.3 und Bild 5.4 eingesetzt. Die Vielseitigkeit der elektrotechnischen Drehantriebe für Aktorenaufgaben ist heute in der Lage fast alle Ansprüche an Stellbereiche, Stellgeschwindigkeit und Stellkraft zu erfüllen. In der Übersicht von Bild 5.2 erkennt man, dass die Motor/Spindel-Kombination den großen Einsatzbereich abdecken kann. Im folgenden werden lediglich 2 Spindelaktoren der Elektromagnetik angeführt, die wegen a.o. Linear-Geschwindigkeit (Tauchspulenaktor, Bild 5.12) bzw. ihrer Drehgeschwindigkeit (Schwingungsankermotor, Bild 5.13) wichtige Automatisierungsaufgaben übernehmen können.

Beim Tauchspulen-Motor in Bild 5.12 wird die Auslenkung einer federnd gelagerten Spule durch den Spulenstrom gesteuert. Hierbei wird

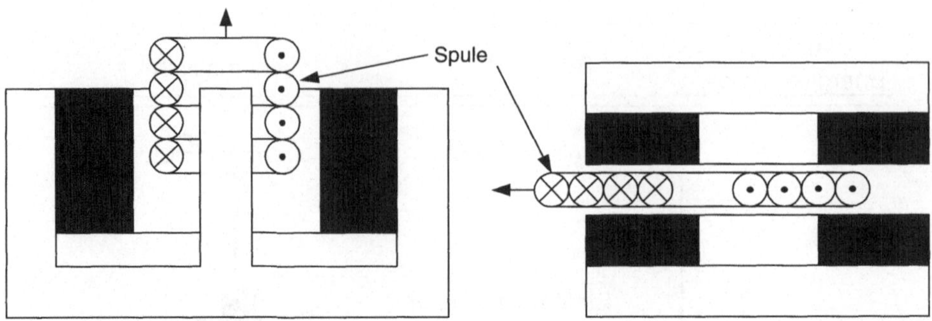

Bild 5.12: Zwei Arten von Tauchspulen-Motoren

die Kraft eines stromführenden Leiters in einem Magnetfeld ausgenützt, das Prinzip ist ähnlich dem eines elektrodynamischen Lautsprechers. Die Bewegungsrichtung des Ankers wird über die Richtung des Stromes definiert.

Beim Schwingungsankermotor gemäß Bild 5.13 sind Magnetkörper und Anker mechanisch nicht gekoppelt, wobei der Magnet fix ist und allein der Anker beweglich montiert ist.

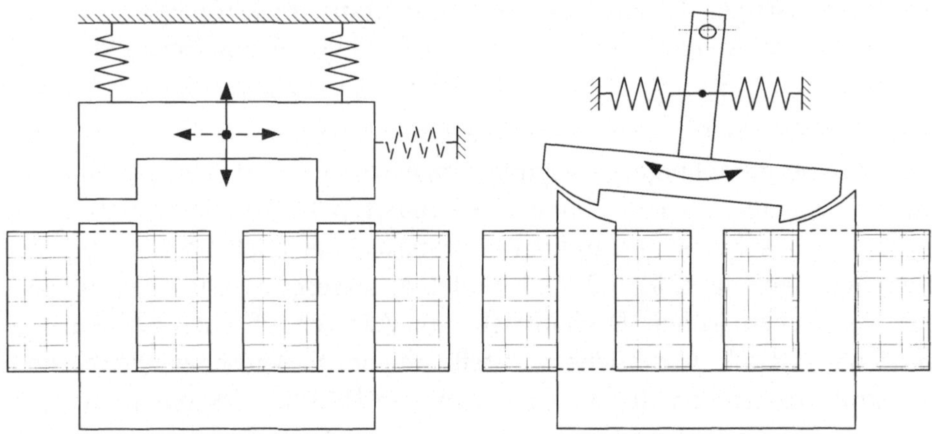

Bild 5.13: Schwingungsankermotor

5.4 Zusammengesetzte Mechatronische Aktoren

Schon in der Beschreibung der Grundlagen im Abschnitt 5.1 dieses Kapitels haben wir bereits die Kombination von Mechanik, Steuerungselektronik und Informationstechnik erwähnt. Für diese Kombination wurde erstmals in Japan der Begriff Mechatronik geprägt. Erweitert man die drei Mechatronikkomponenten noch um Sensorik und Regelungselektronik, so ist diese Art von Aktoren mit einer „Intelligenz" ausgerüstet. Derartige Aktoren werden „smart actor" genannt. Zum Vergleich der Struktur eines allgemeinen Aktors aus Bild 5.1 zeigt Bild 5.14 die Struktur eines smart actors.

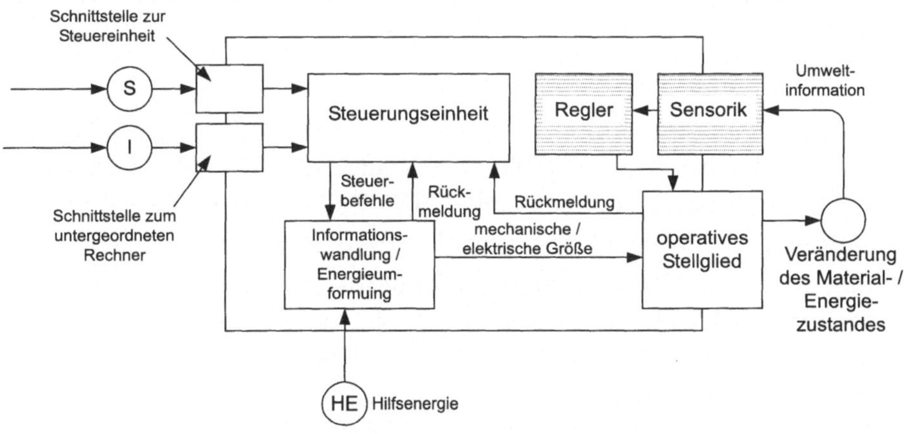

Bild 5.14: Generelle Struktur eines smart actors

These 40 *In der heutigen Industriepraxis gelten mechatronische Aktoren als größte Zukunftstechnologie für die Herstellung industrielle Sachgüter. Sie haben eine kleine Baugröße und ermöglichen damit die Miniaturisierung von Automatisierungsanlagen.*

Es gibt heute fast kein technisches Investitions- oder Konsumprodukt mehr, dass keine mechatronische Lösung besitzt. Die Mechatroniklösung verringert Schnittstellen und ermöglicht Miniaturisierung und Prozessführungen von komplexen Prozessen in Echtzeit.

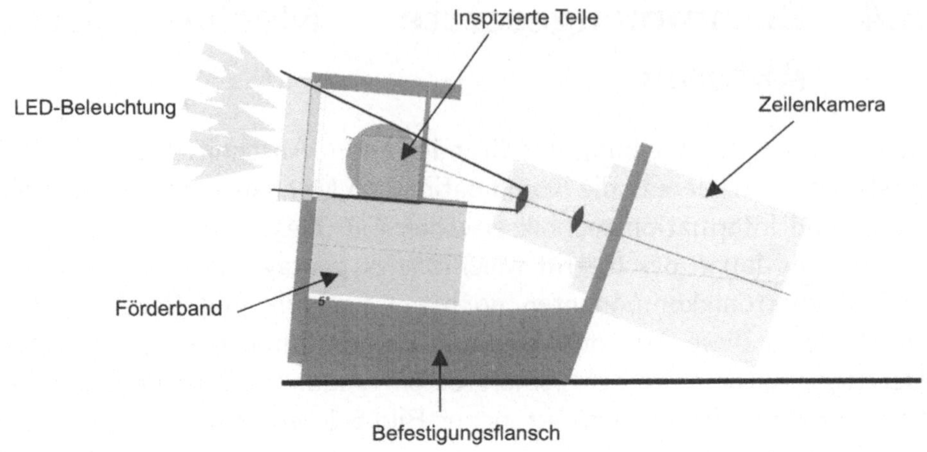

Bild 5.15: Integration von Sensorik und Aktorik in der Checkbox von FESTO

Als ein typisches Mechatronikgerät ist in Bild 5.15 und Bild 5.16 ein Gerät zur Integration von Sensorik (CCD-Zeilenkamera zur Merkmalsprüfung eines Produktes) mit Aktorik (Förderband zur mechanischen Führung der gemessenen Teile) in der Qualitätssicherung dargestellt, das von der Firma FESTO als Checkbox-Familie verkauft wird.

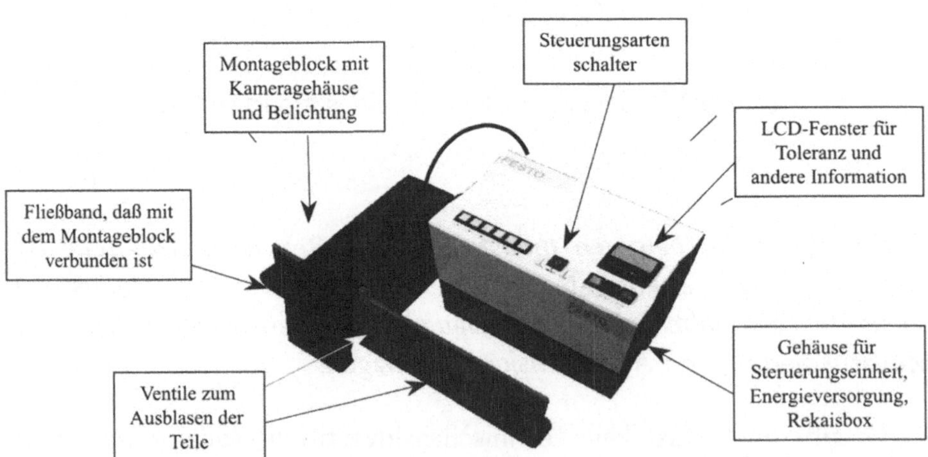

Bild 5.16: Einzelmodule der Checkbox

Es ist eine Produktfamilie kamerabasierter Prüf- und Sortiersysteme, die ohne spezielle Programmierhardware am Einsatzort auf die Erkennung von Teilelagen und -geometrien trainiert werden kann. Mit Hilfe optischer Erkennungs- und Prüftechniken wurden die spezifischen Schwächen mechanischer Sortierer vermieden. Dadurch erreicht man hohe Flexibilität beim Umrüsten, Verschleißfreiheit, integrierte Qualitätsprüf- und Sortierfunktionen, hohe Durchsatzrate, Robustheit und einfache Bedienbarkeit.

Die Checkbox-Familie arbeitet mit Zeilenkameras. Der breitbandige Datenstrom wird in Echtzeit codiert und ausgewertet. Über einen am Förderband angebrachten Winkelgeber können die an der Kamera vorbeilaufenden Teilegeometrien im 2D-Bereich verzerrungsfrei interpretiert werden.

Um die der Auswertung zugrundeliegenden Merkmale braucht sich der - im Regelfall mit Bildverarbeitung nicht vertraute - Anwender nicht zu kümmern; über einen Schlüsselschalter wird ein „Teach-Modus" eingestellt, mehrmals durchlaufende Teile werden über Zifferntasten einem bestimmten Teiletyp zugeordnet und im späteren Betrieb einer definierten Aktion zugeordnet.

Noch komplexere mechatronische Aktoren findet man bei Industrieprozessen der Lebensmittelindustrie, bei denen neben absoluter Hygiene auch hohe Handlungsgeschwindigkeit und Zuverlässigkeit gefordert werden. Bild 5.17 zeigt eine pneumatisch-elektronische Abfüllstation.

Die höchsten Echtzeitanforderungen für mechatronische Systeme im ms-Bereich werden in neuen Produkten erfüllt. Bild 5.18 zeigt ein Laser-Fokussiersystem mit Einsatz eines Tauchspulenmotors als Aktor. Bei diesem mechatronischen System soll der Laserstrahl auf der CD fokusiert werden. Die Höhenverstellung wird mit Hilfe des Tauchspulenmotors bewerkstelligt, der das Fokussiersystem im richtigen Abstand zur CD hält.

Ebenfalls sehr hohe Anforderung stellt die Elektronik im Automobilbau, in der zusätzlich zur Echtzeit auch noch sehr kompaktes Bauvolumen, Redundanz und besondere Temperatur- und Erschütterungsunempfindlichkeit gefordert werden. Die zwei bekanntesten Beispiele sind das ABS-System und die abgas- und leistungsgeregelte Benzineinspritzung.

Bild 5.17: Pneumatisch-elektrische Abfüllstation

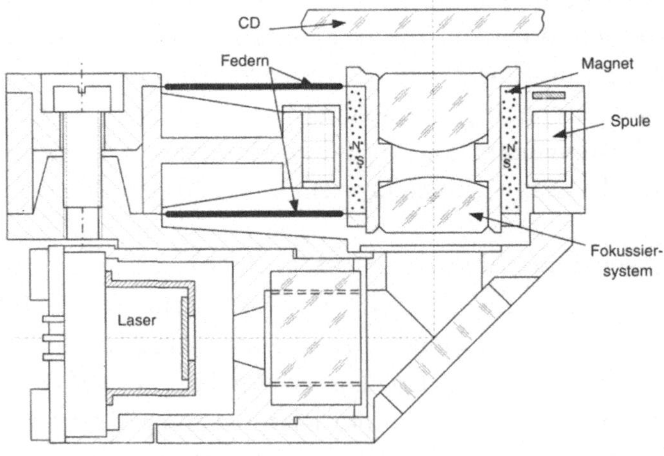

Bild 5.18: Laser-Fokussier-System, aus Janocha

5.5   Das Aktorsystem Roboter

These 41 *Der Roboter im industriellen Prozess besteht aus einer Summe von einfach wirkenden Aktoren, mit denen komplex wirkende Operationen im 3-dimensionalen Raum ausgeführt werden können. Aber auch ein Roboter kann nur das ausführen, was ihm Sensoren bzw. externe Informationen aufgegeben haben.*

Um diese These technisch zu begründen, beginnen wir mit einigen Grundlagen und Definitionen.

5.5.1   Robotikgrundlagen und -definitionen

Bei mechatronischen Aktoren haben wir die Integration von mechanischen, elektrotechnischen, opto-elektronischen und informationstechnischen Komponenten zu einer Einheit kennengelernt.

In diesem Sinn ist der Roboter eine Summe mechatronischer Aktoren mit geringer Baugröße und großem Bewegungsraum. Im Bild 5.19 ist eine 3-Achsenbewegung über 3 Mechatronik-Module realisiert.

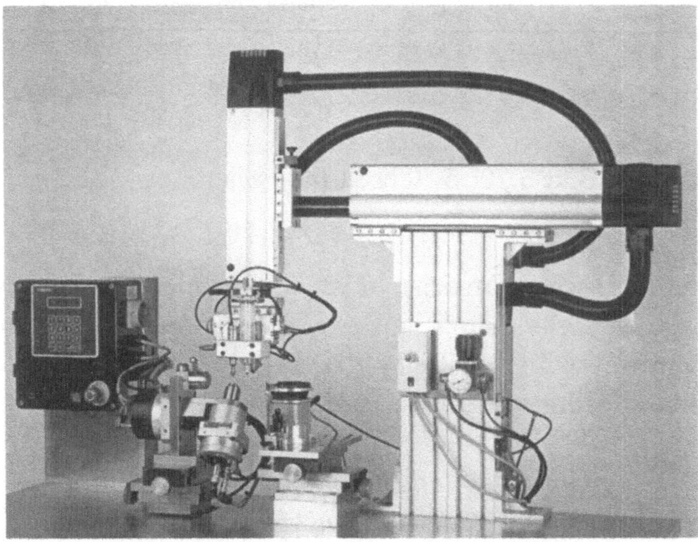

Bild 5.19: Modularer Aufbau von pneumatisch angetriebenen Einlegegeräten

Dieser Aufbau gilt als Low-cost-Aufbau, der in seiner Flexibilität auf 3 Achsen eingeschränkt ist. Allfällig notwendige Bewegungen in weiteren Achsen werden von der links im Bild gezeigten Aufspannvorrichtung des Werkstückes vorgenommen.

Im Bild 5.20 ermöglicht ein 6-Achsen Roboter die Realisierung von 6 Raumachsen über eine komplexe Kinematik.

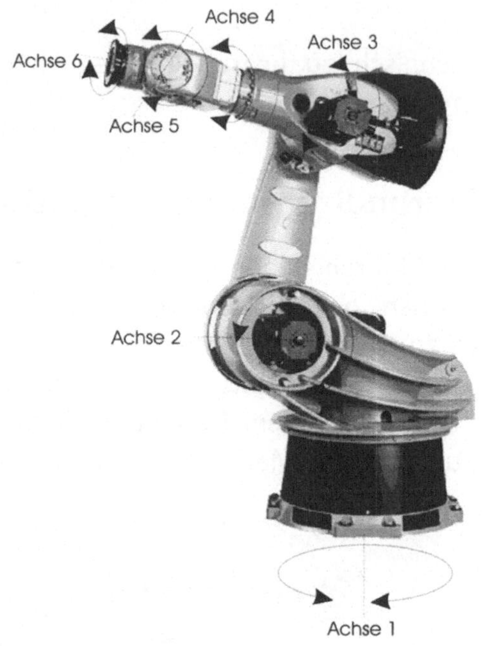

Bild 5.20: 6-Achsen Industrieroboter

Die verführerische Tatsache, dass ein technischer Roboter relativ vielseitige und schnelle räumliche Bewegungen durchführen kann, führte lange Zeit zu einer Überschätzung der technischen und wirtschaftlichen Möglichkeiten. Heute mehr denn je gilt die

These 42 *In dynamischen Industrieprozessen ist der Roboter zwar ein „Eye-catcher" aber keinesfalls das einzige Element für einen hochflexiblen Betrieb. Ein Roboter soll vornehmlich daher nur in Verbindung einer ganzheitlichen betrieblichen Automation eingesetzt werden. Nur wenn die Peripherie des Roboters auf den optimalen Einsatz ausgelegt ist, kann der Roboter erfolgversprechend arbeiten.*

Die Umrüstzeit eines Mehrachsenroboters durch Programmwechsel liegt im ms-Bereich. Die effiziente Nutzung dieser kurzen Zeit setzt aber vorraus, dass auch die entsprechenden Materialzuführungen und nachfolgende Prozessabläufe gleich schnell umgerüstet werden. Ansonsten kommt es, wenn keine Zwischenpuffer vorgesehen werden, zu Stillstands- bzw. Wartezeiten des Roboters.

Unabhängig von dieser ganzheitlichen Automation hat der Roboter wichtige Aufgaben, wegen seiner Fähigkeiten schwere Lasten zuverlässig im Raum zu positionieren oder Manipulationen unter schwierigen Umweltbedingungen durchzuführen. Beispielsweise seien Montageprozesse in umweltverseuchten Klimaten oder im Weltraum angeführt. Bei als „gefährlich" und inhuman angesehenen Operationen sollen Roboter auch „stand alone" eingesetzt werden.

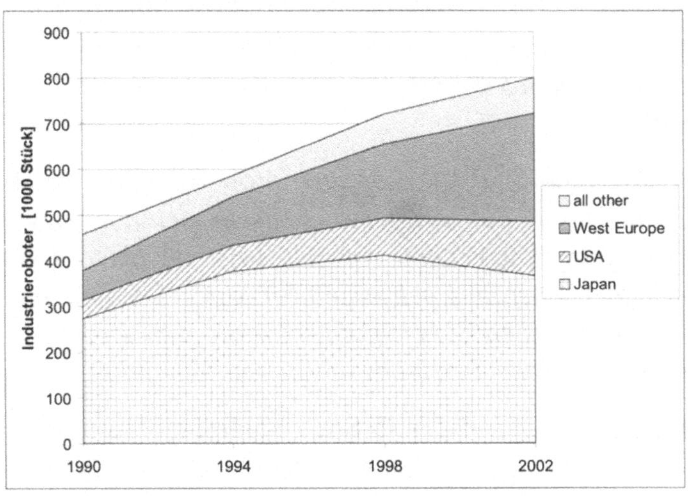

Bild 5.21: Marktanteil von Industrierobotern

1958 von J. Engelberger erstmals realisiert, erreichte der Industrieroboter (IR) seit 1968 ein enormes Wachstum (Bild 5.21). Interessanterweise ist dieses Wachstum durch die japanische Automobilindustrie stimuliert worden, die die Chancen des Industrieroboters frühzeitig erkannt und eine Lizenznahme aus USA bestens realisiert hat. Nach einer Schätzung der International Federation of Robotics (IFR) aus dem Jahre 1998 dürften derzeit ca. 700.000 Industrieroboter weltweit im Einsatz sein. Wie Bild 5.21 zeigt, besitzt Japan mit rund 400.000 den größten

Anteil an Industrierobotern. Der gesamte Roboter-Marktwert beträgt nach der IFR ca. 4.2 Milliarden US-Dollar, wovon 2.2 Milliarden US-Dollar auf Japan entfallen. Schätzungsweise sind 60-70% der Einsätze stand alone-Anwendungen.

These 43 *Für das automatische Vernetzen von Automationskomponenten bei komplexen Automatisierungsprozessen bietet der Roboter sowohl technische als auch informationstechnische Kompatibilität. Modular aufgebaute Roboter besitzen einen anpassungsfähigen Arbeitsraum und eine genormte Informationsschnittstelle.*

Trotzdem ist die Integration der Roboter in dem automatischen Prozessfluss wegen unkonventioneller räumlicher Kinematiken und Regelungen bei hohen Beschleunigungs- und Genauigkeitsanforderungen noch ungenügend umgesetzt. Hingegen ist die Anwendung bei komplexen Qualitätsanforderungen in der Mikroelektronik und sogar Medizin stark zunehmend. Deswegen existieren auch viele unterschiedlich interpretierte Definitionen.

Definition 26 *Nach VDI sind „Industrieroboter universell einsetzbare Bewegungsautomaten mit mehreren Achsen, deren Bewegungen hinsichtlich Bewegungsfolgen und Wegen bzw. Winkeln frei programmierbar und gegebenenfalls sensorgeführt sind. Sie sind mit Greifern, Werkzeugen oder anderen Fertigungsmitteln ausrüstbar und können Handhabungs- und/oder Fertigungsaufgaben ausführen. "*

In Bild 5.22 sind die in der Robotik wichtigen Koordinatensysteme dargestellt. Nach der Installation des Roboters steht das Roboterkoordinatensystem in einem festen Verhältnis zum Weltkoordinatensystem. Als Weltkoordinatensystem bezeichnen wir jenes System, in dem die Daten des herzustellenden Teiles programmiert sind. In der Realisierung müssten der Roboter und das zu bearbeitende Werkstück (rechts im Bild 5.22) jeweils an dieses Weltkoodinatensystem justiert werden. Das bedeutet, mehrfache Koordinatentransformationen bei der Operation und damit hohe Rechnerleistung für einen Echtzeitbetrieb. Bei räumlich verwinkelten Teilen hat der Roboter auch noch einen Flansch an dem Greifer oder Werkzeuge angebracht werden. Diese Roboterhände werden als „Effektor" bezeichnet. Bei starrem Werkzeug steht das Werkzeugkoordinatensystem in einem festen Verhältnis zum Flanschkoordinatensystem. Die Lage des Flanschkoordinatensystem hängt von der Winkellage

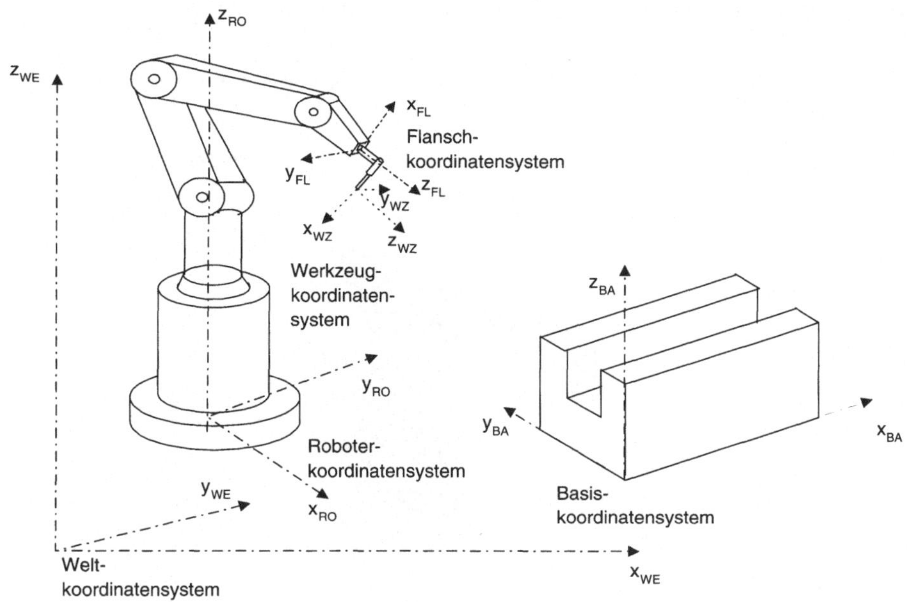

Bild 5.22: Achskoordinatensysteme eines Roboters

der einzelnen Achsen des Roboters ab und kann daher vom Anwender innerhalb des Arbeitsbereiches des Roboters beliebig verändert werden.

Wesentliche Kenngrößen bei der Beurteilung von Industrierobotern sind die absolute Genauigkeit und die Wiederholgenauigkeit. Die folgenden Definitionen dieser Kenngrößen sind der ISO-Richtlinie ISO 9283 entnommen.

Pose accuracy (absolute Genauigkeit von Position und Orientierung): expresses the deviation between a command pose and the mean of the attained pose when approaching the command pose from the same direction. **Pose repeatability** (Wiederholgenauigkeit): expresses the closeness of agreement between the positions and orientations of the attained poses after n repeat visits to the same command pose in the same direction. **Command pose**: Pose specified through teach programming, manual data input or explicit programming. **Attained pose**: Pose achieved by the robot under automation mode in response to the command pose.

IR bestehen aus mehreren Teilsystemen für Kinematik, Antrieb,

Steuerung und Sensorik, wie Bild 5.23 schematisch zeigt.

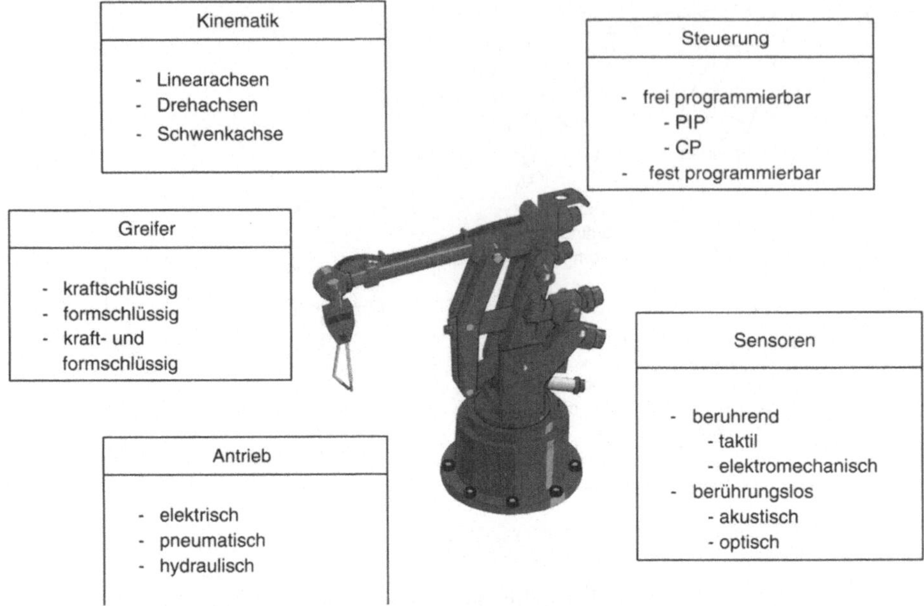

Bild 5.23: Elemente und Funktionen eines Industrieroboters

Die räumliche Zuordnung zwischen Werkstück bzw. Werkzeug und Fertigungseinrichtung legt die Zahl der Freiheitsgrade, also die Anzahl der Bewegungsachsen fest. Um einen beliebigen Punkt im Raum anfahren zu können, sind mindestens drei Freiheitsgrade erforderlich. Um den Effektor an diesem Punkt eine beliebige Orientierung geben zu können, sind drei weitere Freiheitsgrade notwendig. Die Bewegungsmöglichkeiten können in zwei Gruppen aufgeteilt werden:

- Bewegungsachsen für die Makrobewegungen

- Bewegungsachsen für die Mikrobewegungen im Greiferbereich

Mit den Makrobewegungen lässt sich der Geifer räumlich zunächst in die ungefähre Nähe des Zielpunktes positionieren. Die exakte Lage und Orientierung erfolgt dann durch zusätzliche Bewegungsachsen im Greifer. Unterschiede im Aufbau der Kinematik von Industrierobotern ergeben sich daher eigentlich nur durch Variation der translatorischen und rotatorischen Makrobewegungen.

Die kinematischen Eigenschaften von Industrierobotern können nach verschiedenen Kriterien klassifiziert werden, z.B. Form des Arbeitsraumes, Anordnung der Achsen und Bewegungsform der Achsen.

Aus diesen drei Punkten ergibt sich eine komplexe Koordinatentransformation, die wieder auf die Verknüpfung von Roboter-Hardware und Steuerungstechnologie hinweist und zeigt, dass eine möglichst geschickte Industrieroboter-Kinematik für den jeweiligen Einsatzfall gewählt werden sollte, z.B. um Rechenzeit und Arbeitsgeschwindigkeit zu optimieren.

Als Arbeitsraum wird die Gesamtheit aller Punkte bezeichnet, die mit dem freien Ende des Roboters, für den aber auch häufig das Zentrum des Endeffektors angegeben wird, erreicht werden können. Das Zentrum des Endeffektors wird Tool Center Point genannt.

Industrieroboter können nach der Anzahl der translatorischen und rotatorischer Achsen sowie deren Reihenfolge charakterisiert werden. Die Tabelle 5.1 gibt eine Überblick gängiger Industrieroboter sowie deren Vor- und Nachteile an.

Typ	Vorteile	Nachteile
Portal	einfaches Steuerungs- und Antriebskonzept, einfaches kinematisches Modell, Baukastensystem, preiswert, sehr steife Bauart	große Standfläche notwendig, kleiner Arbeitsraum im Verhältnis zum Robotervolumen, prismatische Führungsbahnen müssen gut vor Verschmutzung geschützt werden, kann keine Teile unterhalb des Objektes greifen
Dreh-Schub-Arm	steife Bauart (vorwiegend Biegebeanspruchung), günstige Motoranordnung nahe der Hauptachse möglich, leichte Arme, einfaches kinematisches Modell, guter Zugang zu Objektöffnungen	beschränkter Arbeitsraum, prismatische Führungsbahnen müssen gut vor Verschmutzung geschützt werden

Typ	Vorteile	Nachteile
Ausleger	einfaches Steuerungskonzept, einfache Antriebstechnik, einfache Antriebstechnik, Baukasten, preiswert, einfaches kinematisches Modell	prismatische Führungsbahnen müssen gut vor Verschmutzung geschützt werden
Dreh-Schwenk-Arm	sehr steife Bauart, für hohe Impulskräfte geeignet, hydraulische Direktantriebe möglich, günstige Schwerpunktlage, günstige Krafteinleitung in das Gestell, großer Verstellbereich	komplexe Kinematik, beschränkter Arbeitsraum
SCARA	steife Bauart, sehr hohe Genauigkeit erzielbar, reinraumtauglich, schnelle Bewegungen möglich	geringer Höhenstellbereich, i. A keine Handschwenkung, beschränkter Arbeitsraum, Steuerungen von linearen Bewegungen schwierig
Knickarm	höchste Flexibilität, großer Verstellbereich, guter Zugang zu Objektöffnungen	Fehleraddition bis zur Hand, komplexes kinematisches Modell, Steuerung von linearen Bewegungen schwierig

Tabelle 5.1: Vor- und Nachteile der wichtigsten Typen von Industrierobotern

Die Bilder 5.24 bis 5.25 zeigen schematisch die verschiedenen Robotertypen, deren Arbeitsraum sowie jeweils ein dazugehöriges Beispiel.

Translatorische Achsen (Bild 5.24) bieten vor allem beim Portalroboter relativ große Belastbarkeit bei hohen Genauigkeiten. Die bei diesem Kinematikkonzept möglichen stabilen mechanischen Geradführungen verringern das Kippen und den mechanischen Verschleiß. Durch die damit verbundenen größeren Massen sind diese Roboter aber im allgemeinen in der Verfahrgeschwindigkeit dem rotatorischen Prinzip unterlegen.

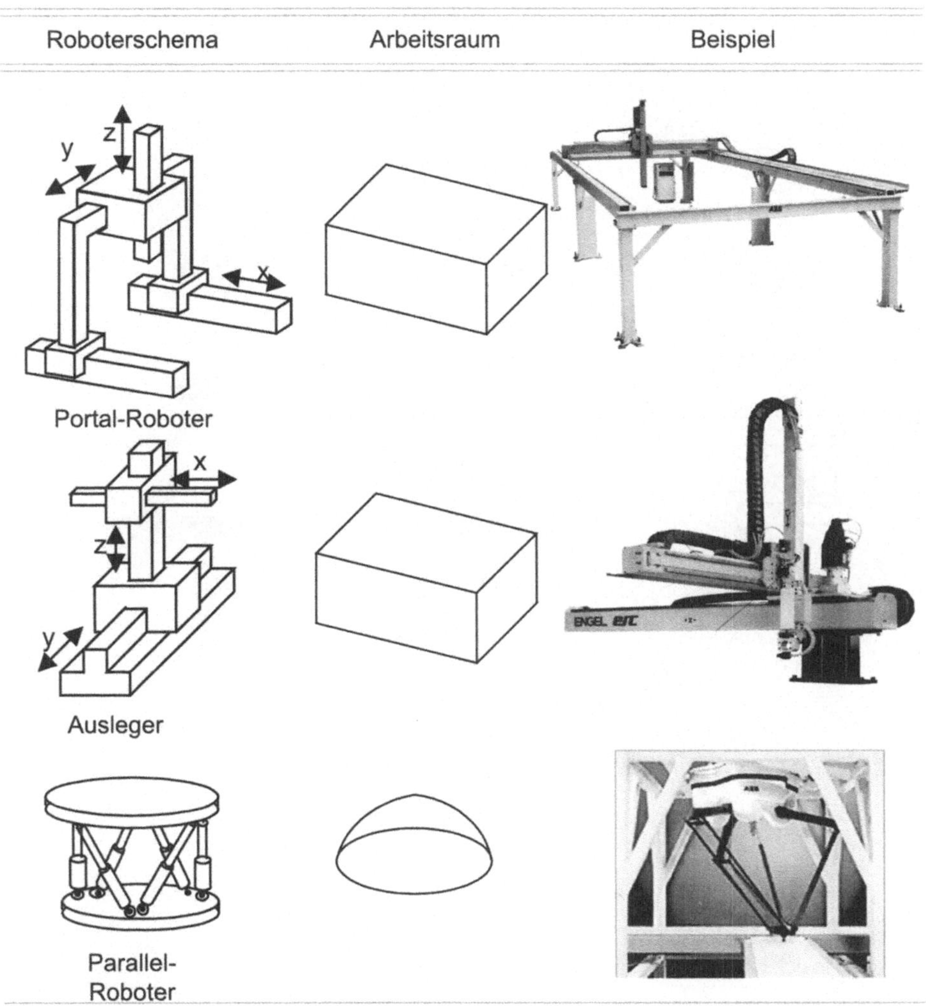

Bild 5.24: Industrieroboter mit 3 translatorischen Achsen

Diese häufig als Knickarmroboter bezeichneten Bewegungsautomaten (Bild 5.25) sind wegen der geringen zu bewegenden Massen bei etwas gleichen Dimensionen des Arbeitsraumes wesentlich schneller als translatorische Roboter. Auch der Platzbedarf für die Aufstellung ist geringer. Da Druckgelenke leichter anschließen und Kragarm bei höheren

Lasten eine Druckbeugung erfahren, sind die rotatorischen Roboter bei prinzipiell gleichen Bedingungen im allgemeinen etwas ungenauer.

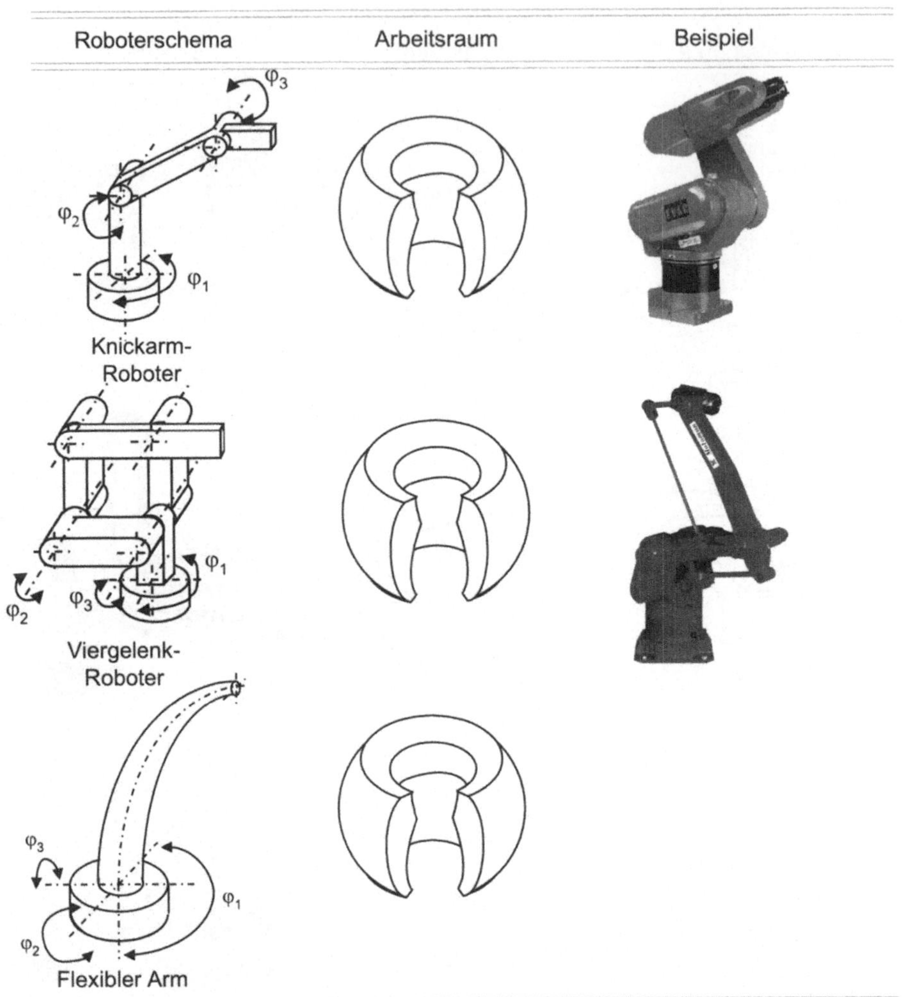

Bild 5.25: Industrieroboter mit drei rotatorischen Achsen

Die Kombination von rotatorischen und translatorischen Achsen (Bild 5.26) erweist sich als gute Gesamtlösung. Insbesondere der SCARA-Roboter bringt hohe Geschwindigkeiten, was ihn z.B. für die Leiterplattenbestückung prädestiniert.

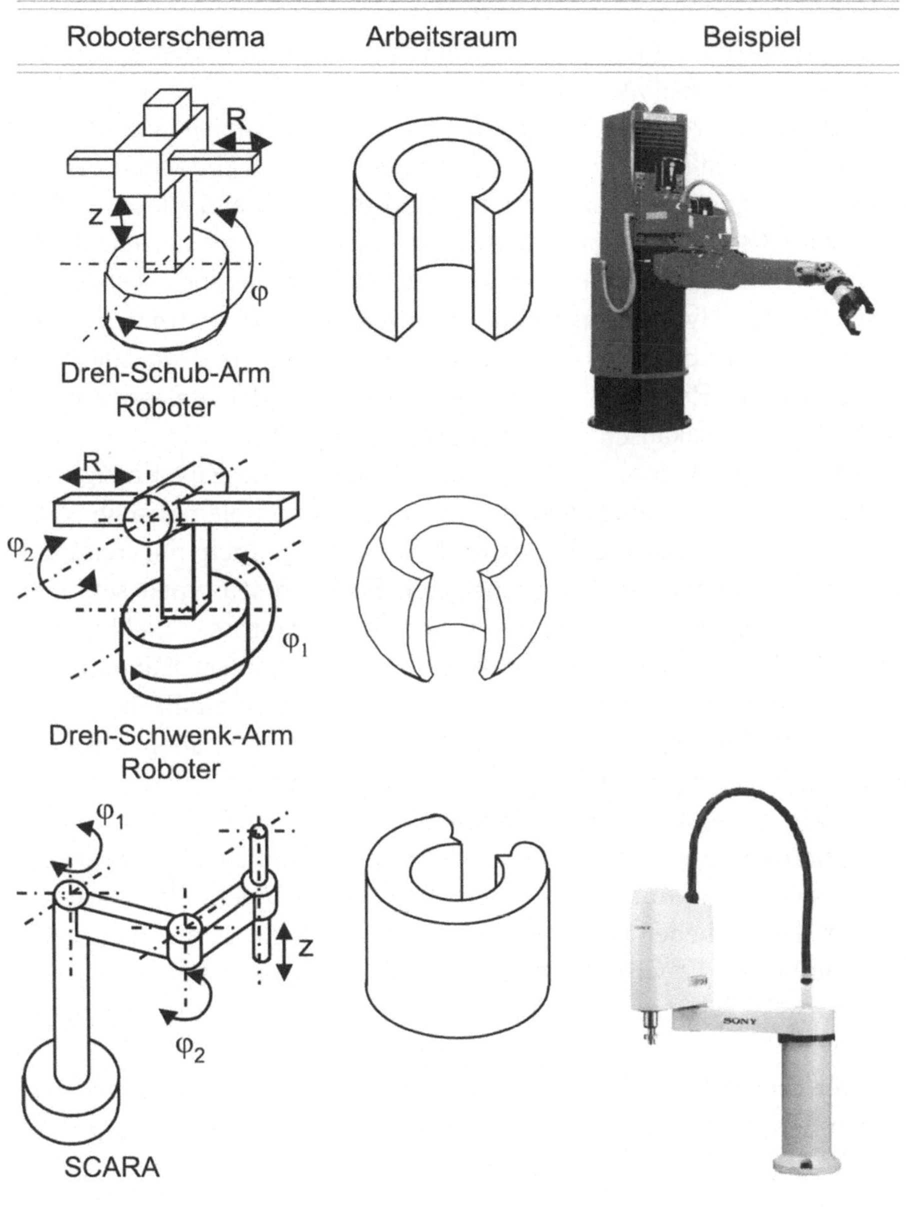

Bild 5.26: Industrieroboter mit rotatorischen und translatorischen Achsen

Bei Achsantrieben unterscheidet man zwischen pneumatischen, hydraulischen und elektrischen Antriebssystemen.

Pneumatische Antriebe sind schnell und kostengünstig und haben einen einfachen Aufbau bei geringem Eigengewicht. Eine kontinuierliche Pose-Regelung ist jedoch, aufgrund des kompressiblen Mediums Luft, schwierig zu realisieren, so dass sie vorwiegend bei einfachen Punkt-zu-Punkt-Bewegungen zur Anwendung kommt (Pick and Place Geräte).

Hydraulische Antriebe gestatten eine hohe Energiekonzentration bei kleinen Abmessungen und Gewichten. Nachteilig sind Leckagen, der Preis für das Hydraulikaggregat, die Reibung und Wärmeentwicklung im System und die schwierige Auslegung der Regler. Hydraulische Antriebe sind ab Reichweiten von mehr als 3m und Nutzlastmassen von über 150kg physikalisch jedoch kaum zu umgehen.

Elektrische Antriebssysteme besitzen eine hohe Zuverlässigkeit, die Möglichkeit zur Drehzahlregelung und das unproblematische Wiederanlaufen nach einem Energieausfall. Es sind jedoch nur relativ kleine Kräfte übertragbar. Die wichtigsten Elektromotortypen sind Gleichstrommotoren, Drehstrommmotoren und Schrittmotoren. Elektrische Antriebe sind u.a. nach folgenden Kriterien auszuwählen: Minimale Drehzahlen, Wärmeentwicklung und Gewicht/Leistungsverhältnis.

Zur Ausführung der an einen IR gestellten Aufgaben stehen ausgereifte Steuerungsbaukastensysteme zur Verfügung. Diese dienen zur Informationseingabe, Programmablaufsteuerung und -überwachung, Informationsspeicherung, Funktionsverknüpfung mit der IR-Umwelt.

IR sind intern mit einem Wegmeßsystem je Bewegungsachse ausgestattet. Diese dienen zur Lage- und Geschwindigkeitsmessung der Achsen und bilden die Grundlage für einen geschlossenen Lageregelkreis der Achsen. Die Systeme arbeiten analog, digital, translatorisch oder rotatorisch.

Der Einsatzbereich von IR lässt sich durch die Verwendung von externen Sensoren dadurch vergrößern, dass Umwelterfassung durch Lage- und Mustererkennung möglich wird.

5.5.2 Charakteristische Anwendungen und Beispiele

Scara Roboter für die Leiterplattenbestückung

Die Firma *Murr-Elektronik GmbH* verwendet einen Adept® Scara-Roboter und erreicht damit mehrere Vorteile gegenüber starrer Bestückungsautomation. Insbesondere erfordert die Umrüstung auf andere Leiterplattenbestückungen keinen nennenswerten Zeitaufwand, wodurch auch kleine Losgrößen wirtschaftlich herstellbar sind.

Bild 5.27: Adept-Roboter in der Fertigungszelle der Firma Murr-Elektronik

Man entschied sich außerdem zur Installation einer integrierten automatischen Arbeitszelle, in dessen Mittelpunkt der *Adept*® *550 Scara-*

Roboter steht, der mit einem *MV-Controller* und dem *AdeptVision VME*
Bildverarbeitungssystem über die V+ Software betrieben wird.

Die Kombination des Adept 550 mit der integrierten Bildverarbeitung
von Adept sorgt für eine hohe Genauigkeit. Die Systemsoftware erlaubt
die Montage verschiedenster Bauteile ohne Umrüstung des Equipment
innerhalb von 20 sec. Eine offene Systemarchitektur sorgt weiters für
eine möglich Anpassung für zukünftige Entwicklungen.

SCARA-Roboter mit Greiferwechselsystem und Bildverarbeitung für die Bestückung mit mechatronischen Baugruppen

Siemens hat ein System im Einsatz, mit dem ungleiche Teile mit Hilfe
eines SCARA-Roboters auf ein Keramiksubstrat montiert und anschließen optisch inspiziert werden kann. Die Teile werden über ein Förderband geliefert und werden von dem Roboter mit einer Genauigkeit von
$\pm\,0,1$ mm montiert. Um die verschiedenen Teile greifen zu können, wird
ein Greiferwechselsystem verwendet.

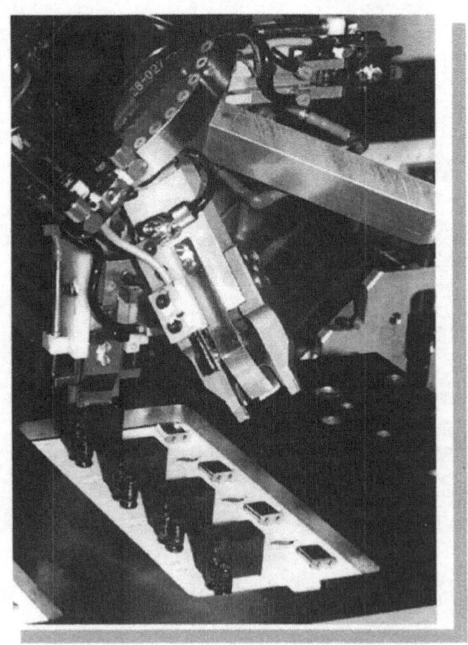

Bild 5.28: Siemens Werkzeugwechselsystem zur Handhabung ungleicher
Teile und deren automatischen Inspektion

Nach der Montage werden mit Hilfe mehrerer Kameras die montierten Teile überprüft. Geprüft werden die Position und das Vorhandensein bestimmter Komponenten. Bild 5.28 zeigt das Werkzeugwechselsystem, Bild 5.29 eine Prüfsequenz.

Bild 5.29: Anwendung automatischer Inspektion bei Siemens

Serviceroboter Amadeus

AMADEUS (Autonomous Mobile Arm for DExterous and Universal Services, Bild 5.30) ist ein Manipulator der Forschungsgesellschaft „PROFACTOR", der auf einer mobilen Plattform montiert ist, um Serviceaufgaben wahrzunehmen. Dadurch wird es möglich, Objekte mit einem Robotersystem zu transportieren und handzuhaben. Das Robotersystem hat insgesamt 10 Freiheitsgrade (3 in der Plattform und 7 im Manipulator) und ist mit einer Reihe von Sensoren ausgerüstet, um die Umgebung wahrzunehmen.

Auf der Plattform sind Sonar-, Infrarot- und Lasersensoren installiert. Am Roboterarm sind weitere 32 Ultraschallsensoren montiert, um Hindernisse im Arbeitsraum des Armes zu detektieren und Kollisionen zu vermeiden. Schließlich ist noch eine Kamera am Roboterarm befestigt, um die unvermeidbaren Ungenauigkeiten der mobilen Roboternavigation zu kompensieren.

Bild 5.30: Amadeus Roboter

RobVision für einen zusammenlegbaren Roboter

Das Projekt RobVision (ROBust VIsion for Sensing in Industrial Operations and Needs, Bild 5.31) dient dazu, einen achtbeinigen Roboter *ROBUG V* durch enge Durchlässe zu steuern, um anschließend die volle Funktion als Inspektionsroboter zu übernehmen. Als Grundlage dazu dient die CAD-Information des Schiffes mit dessen Hilfe sich der Roboter autonom durch den Schiffsrumpf navigieren soll. Die Umgebungsinformation wird von einem Stereokamerakopf geliefert, dessen Bilder mit den CAD-Daten verglichen werden.

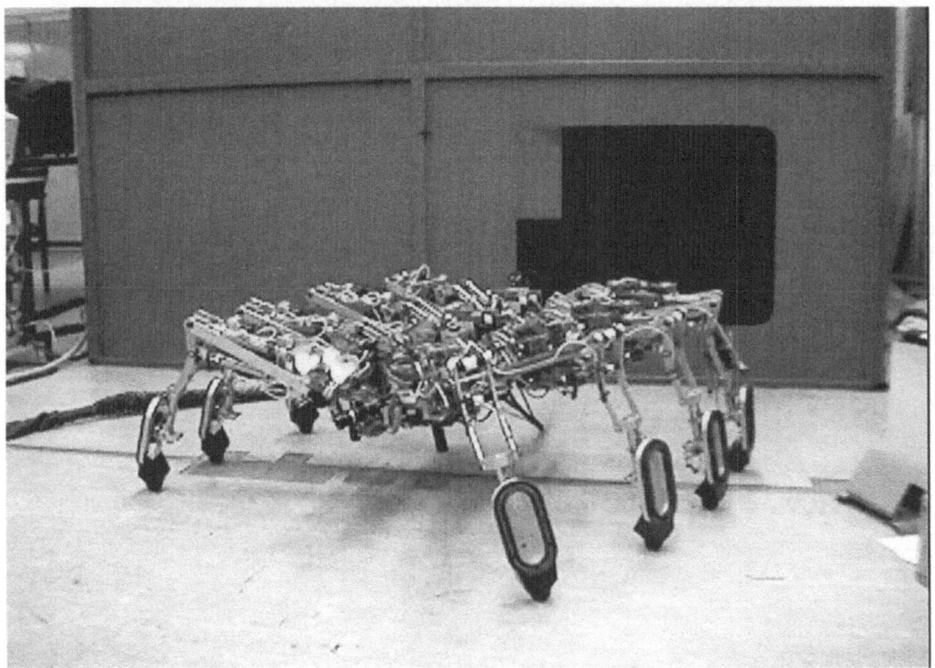

Bild 5.31: Mobiler Roboter ROBUG V des Projects ROBVISION

Montageautomat für Elektronik-Mechanikverbindungen

Die dezentrale Anordnung der elektronischen Regelung in Automatisierungsprozessen erfordert die konstruktive Verbindung von Elektronik mit den mechanischen Stellgliedern eines Getriebes. Im Bild 5.32 werden das Keramiksubstrat mit den Elektronikbauteilen gemeinsam auf einen Werkstückplattenträger aufgebracht und in einem Rundschaltautomaten gemäß Bild 5.33 verbunden. Man kann gut erkennen, welch hoher Aktorenaufwand für diese Verbindungsaufgabe notwendig ist, da sehr hohe Toleranzeinhaltung gefordert wird.

Bild 5.32: Bestückung der Elektronik bei Automatikgetriebe

Bild 5.33: Rundschaltroboter

5.6 Aktoren für Informationsprozesse

Aktoren zur Beeinflussung von informationstechnischen Prozessen bezeichnen wir als *führungstechnische Aktoren*, die dazu dienen, die Anforderungen, wie Qualität und Menge, zum richtigen Termin mit der richtigen Ressource einzuhalten.

Informationstechnische Aktoren stellen bei dynamischen Industrieprozessen die Tätigkeiten auf den Leitebenen des Engineering und der Unternehmensführung sicher. Dies sind keine einfach wirkenden Aktoren, sondern meist Software-Tools mit denen das gewünschte Prozessergebnis (teil-) automatisiert erreicht werden kann.

Hier geht es beispielweise um die Veränderung einer Produkt- oder Prozesseigenschaft während eines starr ablaufenden üblicherweise zwangsgeführten Behandlungsprozesses. Bei Über- oder Unterschreiten von Toleranzwerten werden Adaptionen berechnet und automatisch im laufenden Prozess umgesetzt. Man nennt das „in-process"-Adaption. Aber auch die automatische Veränderung eines NC-Programmes an einer NC-Maschine, bei einer durch den Kunden oder den Konstrukteur vorgenommene Änderung, erfordert einen informationstechnischen Aktor in Form eines CAD-Compilers oder eines Expertensystems. Diese „inprocess"-Adaption von Engineering Tätigkeiten ist das Analogon zu den kontinuierlichen Prozessen in der chemischen Stoffbehandlung flüssiger oder gasförmiger Produkte.

These 44 *Da wir eingangs behauptet haben, dass auch für führungstechnische Aktoren operative Kenngrößen zur Bewertung vorliegen müssen, werden dafür analoge Kriterien vorgeschlagen:*

- *Realisierungszeit: z.B. Echtzeit (realtime) oder definierte Antwortzeit(response time).*

- *Realisierungsumfang: Datenmengen, Redundanzen, Entscheidungsschleife.*

- *Realisierungsgenauigkeit: Treffsicherheit der Planung.*

- *Effizienz: Das Verhältnis Inputenergie zu Outputwirkung.*

Der wichtigste „führungstechnische Aktor" ist das CAD-Tool, da es die Funktion des herzustellenden Produktes beschreibt. In Bild 5.34

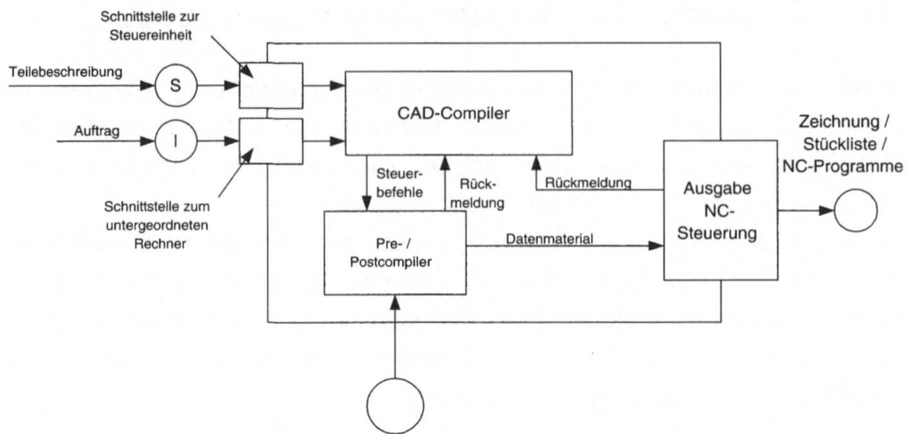

Bild 5.34: Das CAD-System als führungstechnischer Aktor

ist korrelierend zum mechatronischen Aktor gemäß Bild 5.1 der CAD-Compiler als Steuereinheit zwischen Produktbeschreibung und Auftrag einerseits und Programmgeber einer NC-Maschine andererseits angeordnet.

Der Realisierungsumfang informationstechnischer Aktoren kann sehr hoch sein. Die hohe Datenmenge bestimmt die Realisierungszeit. Die Realisierungsgenauigkeit hängt von der Genauigkeit der eingegebenen Daten z.B für Kosten, Bearbeitungszeiten und verfügbare Kapazitäten ab, die mit den Istwerten laufend verglichen werden können.

Als weiteres Beispiel eines „führungstechnischen" Aktors ist das ERP-System (siehe auch Kapitel 6.3.8) zu erwähnen. ERP heißt Enterprise Resource Planning. Mit ERP werden Mengen und Termine aktiviert, d.h. organisiert, welche Materialmengen zu welcher Zeit an welchem Ort vorhanden sein müssen. Die Zeit- und Mengensollwerte werden aus der technologischen Arbeitsplanung gemäß der Produktgestaltung ermittelt. Die Umwandlung von Produktdaten in die notwendigen Steuerbefehle für die Herstellung der Produktteile kann heute schon automatisch erfolgen. Der Aktor ERP hat darum Sorge dafür zu tragen, dass die Ausgangsmaterialien rechtzeitig beim Beginn des jeweiligen Arbeitsvorganges vorhanden sind. Für das Softwaretool ERP wird häufig auch die Bezeichnung PPS (Produktionsplanung und -steuerung) verwendet.

These 45 *Die Verfügbarkeit automatisierter Informations-Aktoren ist entscheidend für hochflexible automatisierte technische Prozesse, da ansonsten unzulässige Wartezeiten und Umrüstzeiten entstehen.*

Mit CAD und ERP als informationstechnische Aktoren wären die Aktivitäten des Unternehmens gemäß unseres Ebenenmodells aus Bild 3.2 fast vollständig automatisierbar. Die CAD-Aktoren geben im Prinzip die Produktfunktionen vor und die ERP-Aktoren die Mengen und Termine. Natürlich sind dabei viele Subfunktionen noch zu automatisieren, wie die Transportsteuerung, die Maschinensteuerung, Prüfmittelsteuerung etc.

Aber selbst das reicht nicht aus. Warum? Die Ursachen liegen in den dauernden Änderungen, Verbesserungen, Störungen, Abweichungen vom Ideal und nicht zuletzt in der Innovation und dem wettbewerbsbedingten und gesellschaftlichen Neuerungen. Außerdem gibt es für diese Ursachenbehandlung meist keine Vorbilder. Weiters müssen enorme Datenmengen in vielen Unternehmensebenen eingegeben werden, die äußerst volatil sind.

Hier kann nur der komplexe Aktor Mensch, der erfahrene „Human-Aktor" des Unternehmens, die Führungstechnik übernehmen. Hier kommen jene Aktoren zum Einsatz, die wir in Kapitel 2 unter Engineeringprozesse vorgestellt haben. Der „Human-Aktor" muss ungenaue Daten über Markt-, Kunden- oder Konkurrenzentwicklungen im Produktportfolio (siehe Kapitel 4.5) durch seine intuitive Aktion und sein unternehmerisches Risiko überwinden. Er muss auch mangelhafte Inputs für die Wirtschaftlichkeitsberechnung einer Investition oder fehlerhaftes Agieren durch besonderen Einsatz kompensieren.

Der „Human-Aktor" im industriellen Prozess ist deswegen ein Schlüsselfaktor, weil kreative Prozesse vorläufig nur unzureichend durch artificial intelligence oder Erfahrungsmodelle automatisiert werden können. Aber es gibt bereits Ansätze in Form von Entscheidungstools mit Expertensystemen und intelligenten CAD-Systemen.

Diese Thematik behandeln wir in einigen Spezialvorlesungen, sie würden den Rahmen dieses Buches sprengen. Dies ist aber der Arbeitshorizont der Ingenieursarbeit, die auch für Veränderungsprozesse geeignete ganzheitlich wirkende Aktoren entwickeln muss.

Kapitel 6

Informationsprozesse: Entwickeln - Planen - Organisieren

These 46 *Der Anteil der Informationsprozesse und -kosten am gesamten industriellen Prozess nimmt aus folgenden Gründen dramatisch zu:*

- *Die maschinen- und anlagennahen Materialprozesse sind gut beherrschbar und teilweise hoch automatisierbar. Dies ermöglicht bei diesem Anteil des Industrieprozesses eine große Zuverlässigkeit und Kostenreduktion.*

- *Die Planung der Maschinen und Anlagen sowie deren Einsatz und Vernetzung für die effiziente Herstellung von Sachgütern aller Art sind aber noch relativ schwer automatisierbar.*

- *Das Wissen um die Synthese von neuen Produkten mit neuen Technologien, neuen Anwendungen und wechselnden Rahmenbedingungen erfordert enorm hohen Informationsaufwand.*

In der Praxis findet man bereits Industrieprodukte bei denen der Kostenanteil für klassische Materialbearbeitungsprozesse nur noch weniger als 10% ausmacht. Der Produktivitätsvorteil im Wettbewerb muss daher hauptsächlich durch schnellere und bessere Produktentwicklung und schnellere Time-to-Market und Time-to-Return-on-Investment erreicht werden.

Um die in These 4 dargestellten Erfolgsfaktoren eines Unternehmens: „richtiges Produkt mit dem richtigen Preis zum richtigen Termin" zu erreichen, müssen die vom Produkt durchlaufenen Prozesse über seine gesamte Lebensdauer automatisiert werden. Ist eine Vollautomatisierung durch Informationssysteme nicht möglich, so ist zumindest eine weitgehende Unterstützung der manuellen Prozesse anzustreben.

Die richtige Produktplanung, die darauf basierende Unternehmensplanung und die Informationssysteme sollen optimale Prozesse während des gesamten Lebenslaufes des Produktes sicherstellen.

Bild 6.1 zeigt einen typischen industriellen Produktlebenslauf mit zugehörigen Informationen, die in den unterschiedlichen Phasen erzeugt, verändert oder verwendet werden.

Produkt- und Unternehmensplanung	Entwicklung Konstruktion Design	Prozessplanung, Logistik	operative Materialverarbeitung, Leittechnik	Vertrieb, Distribution	Service, Wartung	Demontage, Recycling
Marktanalyse Ausschreibungen Aufträge Lastenheft	Pflichtenheft Patente Entwürfe Funktionspläne Schaltpläne Berechnungen Konstruktionspläne	Arbeitspläne Vorkalkulation Materialbestellung	Fertigungs- Montage- Prüfpläne Betriebsdaten Qualitätsdaten	Marktstrategie Angebot Prospekte Verkaufskataloge	Kundendienstberichte Reparaturaufträge Wartungsverträge Änderungsmitteilungen Umbaupläne	Verschrottungsprotokolle

Bild 6.1: Der industrielle Produktlebenslauf

These 47 *Die genaue Kenntnis der Informationsaufgaben und -inhalte ist eine Voraussetzung für ein erfolgreiches Industrieunternehmen. Erst dann können diese industriellen Prozesse durch Informationssysteme optimal unterstützt werden.*

In Anlehnung an diese These werden nach einer kurzen Erläuterung der Grundlagen und wichtiger Definitionen (Kapitel 6.1) auf vier Kernprozesse in einem Industrieunternehmen eingegangen. Es sind dies die Produktentwicklung (Kapitel 6.2.1), die Unternehmensplanung (Kapitel 6.2.2), die Organisationsplanung (Kapitel 6.2.3) und die Logistik (Kapitel 6.2.4).

Nach der Erläuterung dieser vier industriellen Kernprozesse werden in Kapitel 6.3 wichtige Informationssysteme zur Unterstützung und Automatisierung dieser Prozesse vorgestellt.

6.1 Grundlagen und Definitionen

Im industriellen Prozess wird eine riesige Menge von bekanntem und neuem Wissen verarbeitet, um daraus Abläufe zur Zielerreichung zu gestalten. Da Information gemäß Definition 15 (Informationen bilden den Inhalt einer Nachricht, sie enthalten nicht deren irrelevanten oder redundanten Teile) eine unendlich große Ressource sein kann, ist die Strukturierung und Gewichtung der Informationen für Erfolg oder Misserfolg mitentscheidend.

Abhängig vom Anwendungsgebiet und der Ebene innerhalb des Industriebetriebes laut Bild 3.2, Seite 25, haben die Informationen unterschiedliche Datenvolumen und Verarbeitungszeiten. In der folgenden Aufzählung sind typische Beispiele angeführt:

- In der Feldebene: elektrische, pneumatische und hydraulische Prozesssignale, die binär (z.B.: ja/nein, 0/1) oder kontinuierlich (z.B.: 0-10V, 4-20mA) wirken müssen.

- In der Prozesssteuerebene: Zusammengesetzte Prozessparameter wie z.B.: Vorschubgeschwindigkeit, Soll-Istwertvergleich.

- In der Betriebsebene: Feldebenenübergreifende Daten wie Lagerstand, Position von Transporteinheiten, Auslastung von Anlagen, Auftragsabwicklung.

- In der Produktionsebene: Marktzahlen, Marketingpläne, Konstruktion- und Prozesspläne, Lasten- und Pflichtenhefte, CAD-Zeichnungen, FEM-Untersuchungen, Virtual-Reality-Modelle, Qualitätspläne, Wirtschaftlichkeitsszenarien.

- In der Unternehmensleitebene: Strategische Planungsdaten, Prognosen, Kapazitätsmodelle, Finanz- und Controllingdaten.

Definition 27 *Als Informationsprozess wird die automatisierte und/oder manuelle Bearbeitung, Transformation und Weiterleitung von Informationen bezeichnet.*

Definition 28 *Informationssysteme ermöglichen die Automatisierung der Informationsprozesse. Deren Realisierung reicht von einfacher Software bis zu komplexen Programmpaketen.*

Die wichtigsten Informationssysteme sind in Kapitel 6.3 erklärt.

6.2 Kernprozesse

6.2.1 Produkt- und Prozessentwicklung

Im klassischen Sinn werden die Materialbearbeitungsverfahren zur Herstellung eines Produktes als Fertigungs- oder Verfahrensprozesse bezeichnet. Der Begriff Fertigung wird - wie schon mehrmals gesagt - meistens für diskrete Stückerzeugung eingesetzt. Verfahrensprozesse sind meistens kontinuierliche Reaktionsvorgänge in der chemischen oder physikalisch-chemischen Stoffaufbereitung. Diese beiden Anwendungen gehen heute immer stärker ineinander über und wir sprechen daher ganz allgemein von Herstellungsprozessen.

Die Produktentwicklung ist verantwortlich für die Definition der Funktionen des Produktes, bei der Prozessentwicklung werden die Herstellungsprozesse für die Fertigung des Produktes definiert.

These 48 *In der Anfangsphase des Produktentstehens, der Konzeptphase, werden schon viele Kosten vorbestimmt, die erst später im Produktlebenslauf anfallen. Das zu entwickelnde Produkt kann meistens mit einer Fülle verschiedener Herstellungsmethoden hergestellt werden, die sich durch ihren Kosten- und Zeitbedarf unterscheiden.*

Dementsprechend hoch ist die Verantwortung der Produkt- und Prozessplanung für das spätere Preis/Leistungsverhältnis, und damit den Marktchancen des Produktes.

Eine gute industrielle Produkterstellung soll von der ersten Idee bis zur Auslieferung an den Nutzer als ein geregeltes Zusammenwirken verschiedener Disziplinen gestaltet werden. Der guten Integration der Produktentwicklung und der Planung des entsprechenden Herstellungsprozesses ist ganz besondere Aufmerksamkeit zu schenken. Der Produktingenieur daher wird zum „Architekten" der gesamten Produkterstellung. Dabei werden die Eigenschaften des Produktes zuerst modellhaft festgelegt und erst nach umfangreichen realen oder berechneten Tests realisiert.

Grundlegend bei der Produkt- und Prozessentwicklung ist, dass alle Produkt- und Herstellungskosten am stärksten durch jene Ideen beeinflusst werden, die am Anfang seines Lebenslaufes durch den Produktentwickler festgelegt werden. Bild 6.2 zeigt die Vorbestimmung und den Anfall der Kosten im Produktlebenslauf.

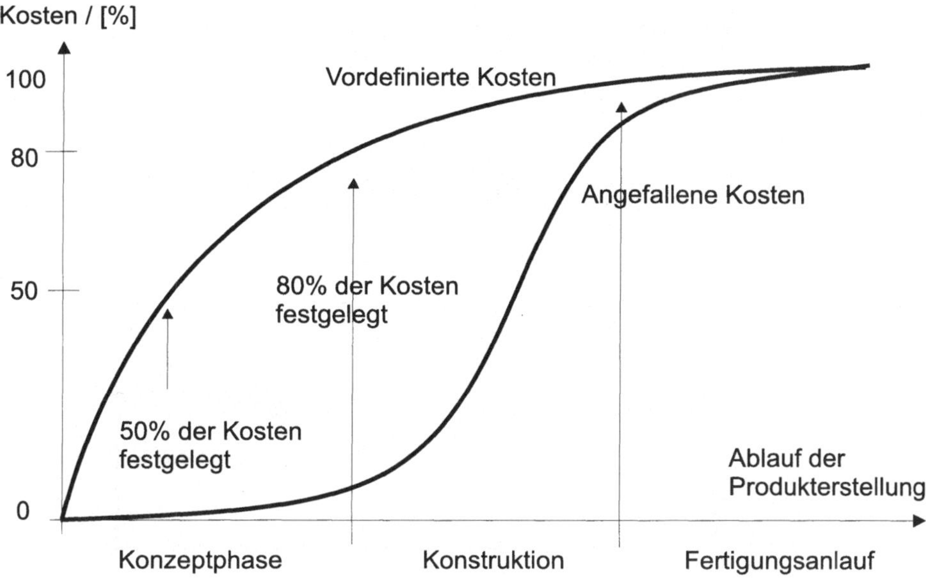

Bild 6.2: Vorbestimmung und Anfall der Kosten im Produktlebenslauf

These 49 *Produkt- und Prozessentwicklung tragen gemeinsam nicht nur die Verantwortung für die Funktion sondern auch für die Kosten und den frühestmöglichen Liefertermin des Produktes. Die drei funktionsübergreifenden Erfolgsfaktoren des Unternehmens, das sind Produkt, Idee, Termin und Kosten, bestimmen die oberste Priorität in der Erfüllung jeder Einzelfunktion (Bild 6.3).*

Bei einem starken Käufermarkt besteht zusätzlich die Notwendigkeit, schon frühzeitig auf eine hohe Flexibilität des Produktes bei gleichzeitig niedrigen Kosten zu achten. Diese Varianten-Flexibilität, die der Entwickler seinem Produkt im Pflichtenheft zuordnet, kann in vielen Fällen entscheidend sein für den späteren Markterfolg, da sie die rasche Anpassung des Produktes an spezifische Kundenwünsche ermöglicht und dabei idealerweise eine teure Neuentwicklung des Produktes vermeidet.

Die Anpassung an Markterfordernisse, Herausforderungen der Konkurrenz oder die Kreativität der Entwicklung müssen heute durch unterstützende Informationssysteme in der Entwicklung wesentlich erleichtert werden. Diese meist automatisierte Unterstützung ermöglicht nicht nur eine leichtere Erstellung von Varianten eines bestehenden Produk-

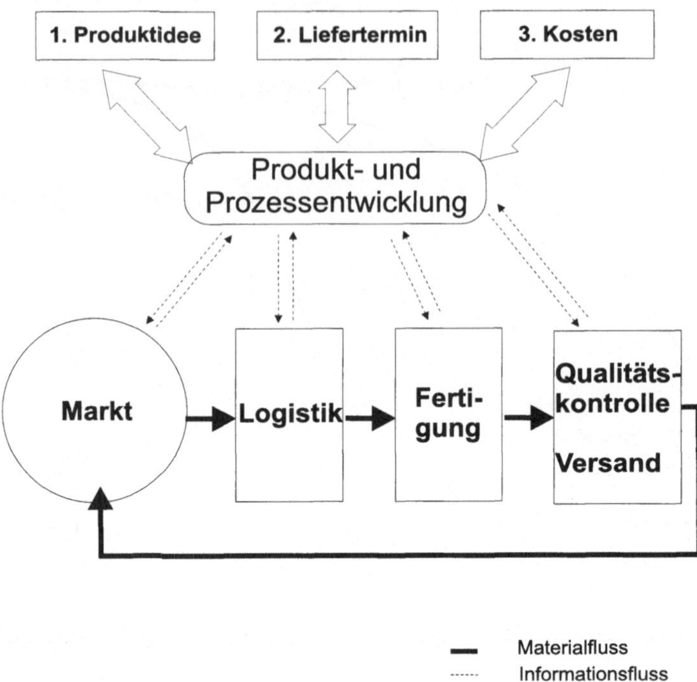

Bild 6.3: Produkt- und Prozessentwicklung als zentrale Verantwortungs-funktionen im Industrieunternehmen

tes, sondern auch eine Beschleunigung vieler Aufgaben in der Entwick-lung und eine rasche Reaktion auf Änderungen in den nachfolgenden Betriebsfunktionen.

Concurrent Engineering

These 50 *Gute Informations- und Kommunikationsprozesse eines Un-ternehmens sind nur dann möglich, wenn diese schon bei der Produkt-entwicklung mitgeplant werden.*

In der konventionellen Produktherstellung wurden Vorgehenspläne und Verantwortlichkeiten für sequentiell ablaufende Arbeitsabschnitte über der Zeitachse verwendet. Beim „Concurrent Engineering" werden ein-zelne Arbeitsfunktionen parallel abgewickelt, um die Zeit von der Idee bis zur Serienherstellung zu verkürzen.

Die Vorteile des „Concurrent Engineering" sind in Bild 6.4 erkennbar. Bereits nach der Fertigstellung des Entwurfes wird parallel mit der Konstruktion, der Berechnung und der Detaillierung des Produktes begonnen. Auch die Prototypenfertigung kann kurz dannach beginnen. Dadurch verringert sich die Zeit für die Produktenwicklung beträchtlich, allerdings steigt auch das Risiko einer späteren Nachbearbeitung, wenn sich nach der Prototypenfertigung herausstellt, dass Konstruktionsänderungen notwendig sind.

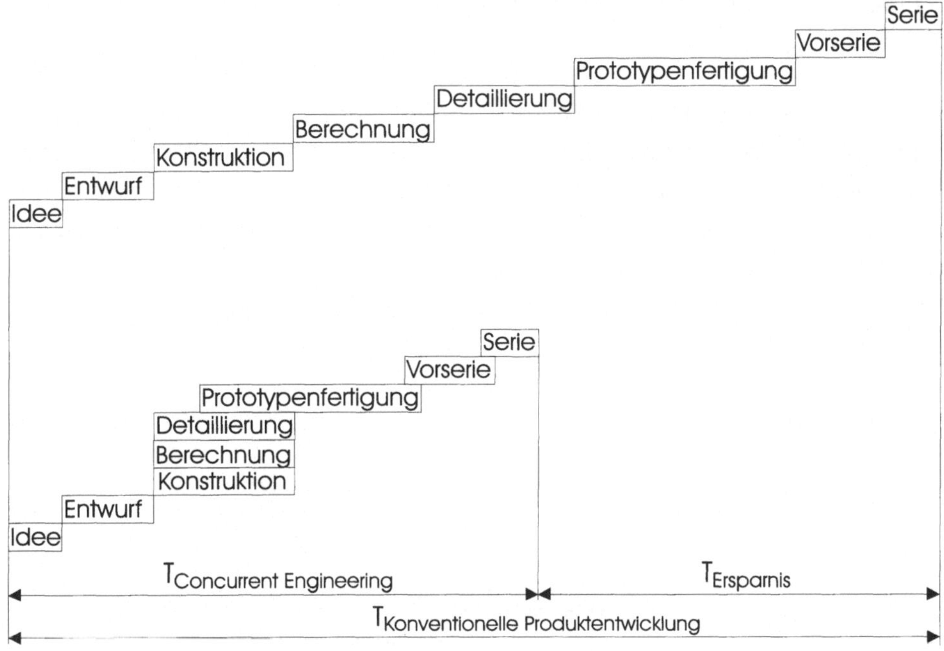

Bild 6.4: Vergleich „Konventionelle Produktentwicklung" und „Concurrent Engineering"

Generell benötigt die Produktherstellung sowohl bei sequentiellen als auch bei parallelen Arbeitsfolgen geeignete Informationsrückflüsse über den Erfolg des entwickelten Produktes am Markt und eventuell notwendiger Produktmodifikationen. Daraus entwickeln sich Regelkreise, wobei dann auch die Zusammenarbeit von technischer Produkt- und Prozessentwicklung mit betriebswirtschaftlichen und vertriebsdefinierten Funktionen in sogenannten Concurrent (oder Simultanous) Engineering Teams notwendig ist.

6.2.2 Unternehmensplanung

Dieses Kapitel wird bewusst nach dem Gebiet Produktentwicklung behandelt, weil es gilt:

These 51 *Die Unternehmensplanung ohne treffsichere Planung und Positionierung des Produktes ist bloßes Sandkastenspiel.*

These 52 *Die Unternehmensplanung, sowie interne und externe Abläufe wie Marketing und Distribution haben sich These 49 zu unterwerfen.*

Eine integrierende Unternehmensplanung plant strategische, taktische und operative Funktionen. Dementsprechend ist aber die Führung eines Unternehmens auf verschiedenen Arbeitsebenen sinnvoll, wie wir schon im Kapitel 3 besprochen haben. Die Anzahl der Ebenen ist von Größe und Volumen der Arbeitsinhalte des Unternehmens abhängig. Diese Arbeitsinhalte werden auch als Wertschöpfung bezeichnet.

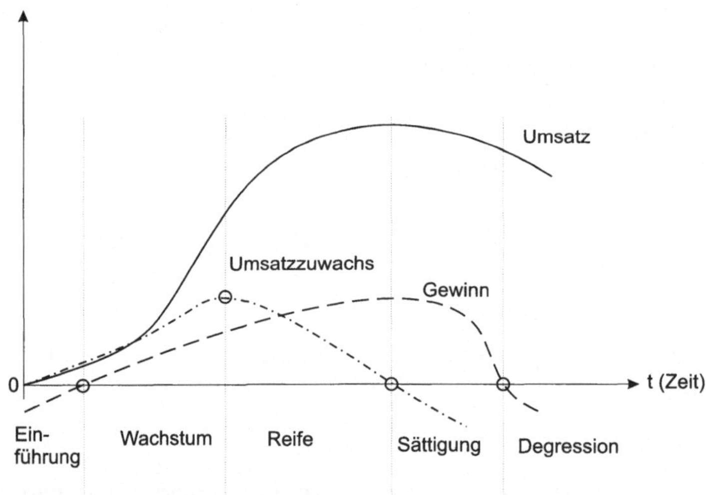

Bild 6.5: Zeitlicher Verlauf eines Produktlebenszyklusses nach Serienstart

Die zweifellos bedeutendste Funktion der Unternehmensplanung ist die Entscheidung über Art, Design, Preis und Stückzahlen des herzustellenden Produktes bzw. die Änderung von bestehenden Produkten. Diese

Entscheidung der Unternehmensleitung setzt voraus, dass die Möglichkeiten und Kreativitäten aller anderen Ebenen berücksichtigt werden.

These 53 *Sowohl Produktanlauf als auch Produktauslauf haben entscheidenden Einfluss auf die kumulierten Umsätze, Kosten und Gewinne.*

Eine typische Entwicklung eines Produktlebenszyklusses zeigt Bild 6.5. Nach der Produkteinführungsphase beginnt die Wachstumsphase, die dadurch gekennzeichnet ist, dass der Gewinn zunimmt. Die Gewinne müssen zunächst zur Abdeckung aller Kosten eingesetzt werden, die bis zum Serienstart angefallen sind. Der Übergang von der Wachstums- zur Reifephase wird durch den Maximalwert des Umsatzzuwachses markiert. Die Sättigungsphase tritt ein, wenn der Umsatz eines Produktes nicht mehr steigt. Den Abschluss des Produktlebenszyklusses bildet die Degressionsphase.

Alle technischen und organisatorischen Maßnahmen im Unternehmen haben das Ziel: neue oder bessere Produkte (z.B. mit der Portfolio-Analyse, Bild 6.6) schneller als bisher (oder als der Wettbewerb), zu günstigeren Konditionen, mit Abdeckung der Entwicklungskosten und einem Gewinn für das Unternehmen zu entwickeln, herzustellen und zu vermarkten.

These 54 *Dynamische Industrieprozesse erfordern eine dauernde Anpassung der Unternehmensführung und des methodischen Vorgehens an unvorhergesehene Veränderungen und/oder an neu aufgetauchte Herausforderungen. Während als exogene Anpassungsgröße immer der Markterfolg des Produktes bzw. der angebotenen Dienstleistung heranzuziehen ist, existieren für endogene Methoden eine Vielzahl von unterschiedlichen technischen und organisatorischen Maßnahmen.*

These 55 *Eine der wichtigsten Aufgaben der strategischen Unternehmensplanung ist es, festzulegen, ob das neue oder weiterzuentwickelnde Produkt in einen neuen Markt eindringen soll oder einen hohen Marktanteil oder beides haben soll.*

Zur diesbezüglichen Festlegung verwendet man die Portfoliodarstellung gemäß Bild 6.6, welche in vier Quadranten unterteilt ist (siehe dazu auch Bild 4.20). Die Einordnung eines Produktes in einen Quadranten erfolgt nach seinen „Marktchancen wegen der Steigerung des Marktanteils" und

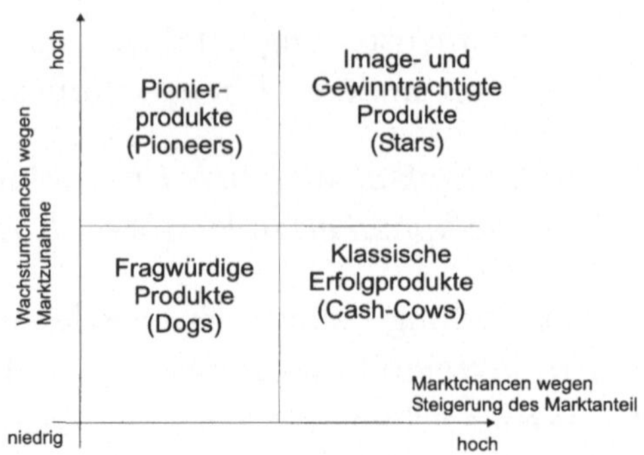

Bild 6.6: Marktportfolio

den „Wachstumschancen wegen Marktzunahme". Pionierprodukte sind meist in einem Markt positioniert, der erst in Entwicklung begriffen ist. Unternehmen, die Pionierprodukte entwickeln wollen, sehen ihre Chancen in der Produktneuheit und in einem neuen Markt. Typische aktuelle Beispiele sind Produkte der mobilen Telekommunikation oder auch der digitalen Bildverarbeitung. Am Beginn der Produktentwicklung ist nicht vorhersehbar, ob sich auch ein genügend großer Absatzmarkt entwickeln wird. Pionierprodukte haben daher sowohl hohe Chancen als auch hohe Risiken.

Mit einem neuen Produkt in einem sicheren Markt, z.B. mit einem verbesserten PKW in den relativ sicheren PKW-Markt einzutreten ist diesbezüglich weniger risikoreich. Der wirtschaftliche Erfolg hängt hier von der Stellung im Markt gegenüber der Konkurrenz, dem Marktanteil, ab. Das Marktwachstum bewirkt bei gleichbleibendem Marktanteil des Produkts ein Umsatzwachstum. Klassische Erfolgsprodukte - häufig „Cash-Cows" genannt - finden sich meist in einem gesättigten Markt. Wachstum ist nur durch Steigerung des Marktanteils möglich. Sind sowohl der Marktanteil als auch die Marktzunahme hoch, spricht man von image- und gewinnträchtigen Produkten, sogenannten „Stars". Fragwürdige Produkte befinden sich hingegen im Bereich der niedrigen Marktzunahme bei einem konstanten oder fallenden Marktanteil.

Das Marktportfolio (Bild 6.6) und der Produktlebenszyklus (Bild 6.5) zur Abschätzung der Position des Produktes im Lebenszyklus sind wichtige „decision support tools" für Produktentscheidungen und die daraus resultierende Unternehmensplanung.

6.2.3 Organisationsplanung

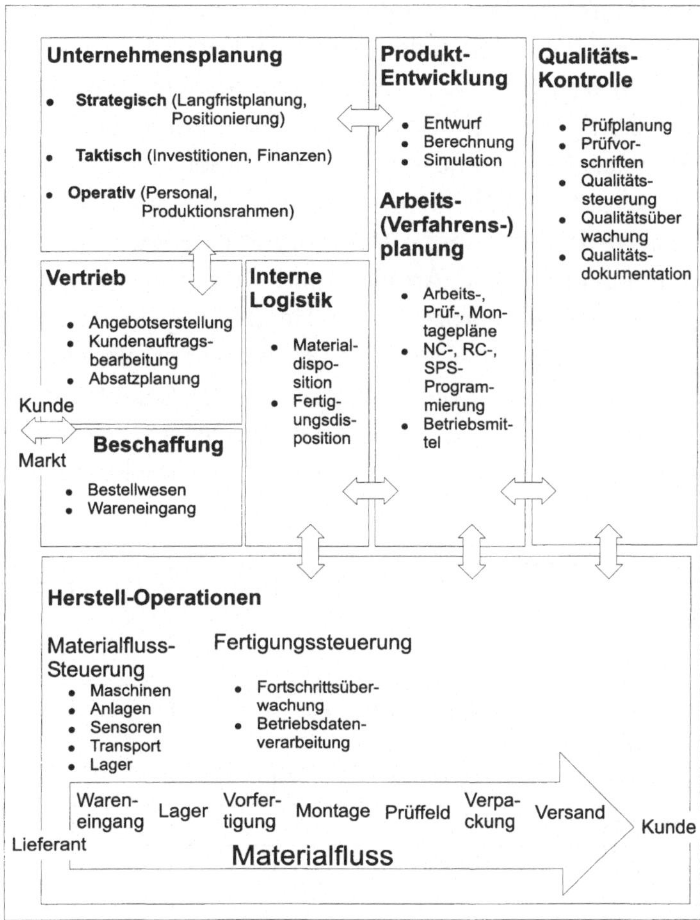

Bild 6.7: Hierarchische Organisation im Industrieunternehmen

These 56 *Die Organisationsplanung optimiert die unternehmerischen Prozesse dahingehend, das richtige Produkt zur richtigen Zeit mit dem richtigen Preis am Markt zu positionieren.*

Das Bild 6.7 zeigt eine typische Organisation eines Industrieunternehmens. Die Unternehmensplanung ist verantwortlich für die strategischen, taktischen und operativen Entscheidungen. Der Vertrieb ist die Schnittstelle zum Kunden und damit verantwortlich für die Kundenbetreuung.

Zusätzlich sollten durch den intensiven Kundenkontakt auch Ideen für neue Produkte mit guten Marktchancen entstehen. Die Beschaffung koordiniert das Bestellwesen und den Wareneingang der benötigten Teile und Betriebsmittel mit Hilfe der externen Logistik. Diese ist verantwortlich für den Teilefluss von den Lieferanten bis zum Wareneingang unter Berücksichtigung des Transports. Die interne Logistik sorgt für den reibungsfreien Materialfluss im Unternehmen. Die Produktentwicklung ist u.a. verantwortlich für die Konstruktion des Produktes, wobei computerbasierte Berechnungs- und Simulationsmethoden einen hohen Stellenwert einnehmen. Die Arbeits- und Verfahrensplanung plant die Fertigungs- und Montageprozesse zur Herstellung des Produkts. Einen immer höheren Stellenwert nimmt die Qualitätskontrolle ein. Damit wird einerseits die Grundlage für die Verbesserung der Qualität der Produkte geschaffen, andererseits wird der Produktlebenslauf dokumentiert, was besonders in sicherheitssensitiven Bereichen verpflichtend vorgeschrieben ist.

HAUPT-FUNKTIONEN Aktivitätenliste	Entw.	Fert	Log.	Vertr.	Fin.	UL
1.Langfristige Produktplanung	P,D	I	-	I	I	E
2.Pflichtenhefte	D,E	I	I	I	-	-
3.Entw. Budget	P,D	-	-	I	I	E
4.Dokumentation	D,E	I	I	-	-	-
5.Produktänderung	P,D,E	I	I	P,I	-	-
6.Prototyping	P,D,E	D	D	I	-	-
7.Planung Serienanlauf	P,D	P,D	D	I	I	I
8.						
9.						

P....Planung   D...Durchführung   E..Entscheidung   I..Information

Tabelle 6.1: Prozessorientiertes Funktionsdiagramm für Produktentwicklung bei geringer Integration

Während im Bild 6.7 die Inhalte der einzelnen Betriebsfunktionen dargestellt sind, wird in den Tabellen Tabelle 6.1 und Tabelle 6.2 die ablauforientierte Verantwortung der beteiligten Fachabteilungen an den Aufgaben dargestellt. Diese matrixartigen Funktionsdiagramme leisten bei einer logischen Prozessgestaltung von Planung und Entwicklung gute Dienste.

HAUPT-FUNKTIONEN Aktivitätenliste	Entw.	Fert	Log.	Vertr.	Fin.	UL
1.Langfristige Produktplanung	P,D	P	I	P	P	P
2.Pflichtenhefte	D,E	D	I	D	I	I
3.Entw. Budget	P,D	P	I	P	P	I
4.Dokumentation	D,E	I	I	-	-	-
5.Produktänderung	P,D,E	P,E	-	P,I	P	P
6.Prototyping	P,D,E	P,D	P,D	P,E	-	I
7.Planung Serienanlauf	P,D	P,D	P,D	P,D	P	E
8.						
9.						

P....Planung   D...Durchführung   E..Entscheidung   I..Information

Tabelle 6.2: Funktionsdiagramm für Produktentwicklung bei höchster Integration

Bei klassischer tayloristischer Trennung der Verantwortung von unterschiedlichen Abteilungen erfolgt beispielsweise die Produktentwicklung gemäß Tabelle 6.1 mit geringer Integration. Dabei kommt es beim Übergang zwischen den Abteilungen immer wieder zu Schnittstellen und „Reibungsverlusten". Eine Produktentwicklung mit hoher Integration gemäß Tabelle 6.2 bindet alle beitragenden Funktionen so ein, dass das zu entwickelnde Produkt ohne Schnittstellenverluste, mit rechtzeitigem Wissenstransfer entwickelt und hergestellt werden kann.

6.2.4 Logistik

Definition 29 *Logistik ist die Gesamtheit aller planenden und ausführenden Aktivitäten zur Versorgung, Lagerung, zum Transport und zur Verteilung der jeweiligen notwendigen Material- und Produktmengen zu gewünschten oder vereinbarten Terminen. Die Logistik umfasst nicht nur innerbetriebliche Maßnahmen (interne Logistik), sondern auch Programmplanung und das Bestellwesen mit Kunden und Zulieferbetrieben (externe Logistik, siehe dazu auch Supply Chain Management, Kapitel 6.3.9).*

Die Aufgaben der Logistik sind in Tabelle 6.3 angeführt.

Programmplanung	
Prognoserechnung	Kundenauftragsverwaltung
Grobplanung	Personalbedarf
Kosten	
Mengenplanung	
Bedarfsermittlung	Bestandsrechnung
Beschaffung	Nettobedarfsermittlung
Bestellvorschläge	Losgrößenvorschläge
Termin- und Kapazitätsplanung	
Durchlaufterminierung	Kapazitätsabstimmung
Betriebsmittelreservierung	Bestandsabfragen
Auftragsveranlassung	
Auftragsbereitstellung	Arbeitsverteilung
Fertigungsaufträge	
Auftragsüberwachung	
Mengenüberwachung	Terminüberwachung
Auftragsfortschrittsüberwachung	Auftragsänderungen
Auftragsstornierungen	

Tabelle 6.3: Aufgaben der Logistik

These 57 *Die Logistik ist auf betriebsspezifische Unterstützung durch Informationssysteme angewiesen, wenn sie flexibel reagieren können soll.*

Die wichtigsten Hilfsmittel dafür sind die ERP-Systeme (siehe auch Kapitel 6.3.8).

Der zunehmende Druck zur Erhöhung der Flexibilität bei gleichzeitiger Verringerung der Kosten in der Logistik führt zum Konzept des

Just in Time

Just-in-Time (JIT) ist ein lange Zeit von Japan verfolgtes Logistik-Konzept zur Reduzierung der Material-, Halbfertig- und Fertigwarenbestände in und zwischen den einzelnen Operationen der Produkterstellung. Dabei soll das benötigte Material (bzw. die benötigten Waren) zeitsynchron zur Bearbeitung (bzw. zum Verbrauch) angeliefert werden und auf Eingangs- und Zwischenlager verzichtet werden. Dies ist allerdings ein theoretisches Idealkonzept, weil bei Störungen im Ablauf keine Puffer vorhanden sind. Man unterscheidet zwischen:

- JIT-Anlieferung, bei der in erster Linie die unmittelbare Beauftragung des Versandes beim Lieferanten aus den Anforderungen des Verbrauches organisiert wird.

- JIT-Distribution, bei der es darauf ankommt, eine Vielzahl von Verbrauchern, die ihren Bedarf online bekannt geben, unmittelbar zu versorgen.

- JIT-Fertigung, bei der der interne Fertigungsprozess so optimiert wird, dass ausgehend von der Übernahme des Materials über die verschiedenen Stufen der Teilefertigung, Vor- und Endmontage eine Fertigung mit minimalen Beständen, Handlings-, Steuerungs- und Kontrollaufwand realisiert wird.

Um JIT in einem Unternehmen einsetzen zu können, sind folgende Voraussetzungen notwendig:

- Konsequente Informationskopplung vom Lieferanten bis zum Kunden mittels elektronischem Datenaustausch.

- Hohe Vorhersagegenauigkeit der Liefermengen und -sequenzen

- Lieferantenauswahl nach Qualität, Preis, Lieferzeit und Flexibilität

- Synchronisierung von Material- und Informationsflüssen

- Variantenarme Serien- und Massenfertigung

- Steuerungsphilosophie: Montage steuert die Teilefertigung, Kunde steuert die Montage

- Langfristige Rahmenverträge zwischen Lieferanten und Kunden erforderlich

In Bild 6.8 sind die Auswirkungen von JIT auf die betrieblichen Funktionen und Methoden eines Industrieunternehmens dargestellt. Wie deutlich erkennbar ist, wirkt sich eine JIT-Umsetzung im gesamten Unternehmen sowohl auf die betrieblichen Funktionen, also auch auf die Methodik im Unternehmen aus. Bereits die Konstruktion muss durch Variantenkonstruktion und der konsequenten Verwendung von Standardteilen einen wesentlichen Beitrag zur Vereinfachung des Produktes leisten.

Betriebliche Funktionen

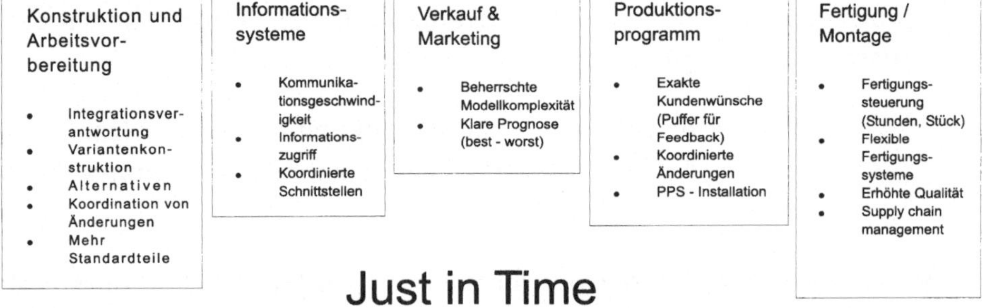

Methoden

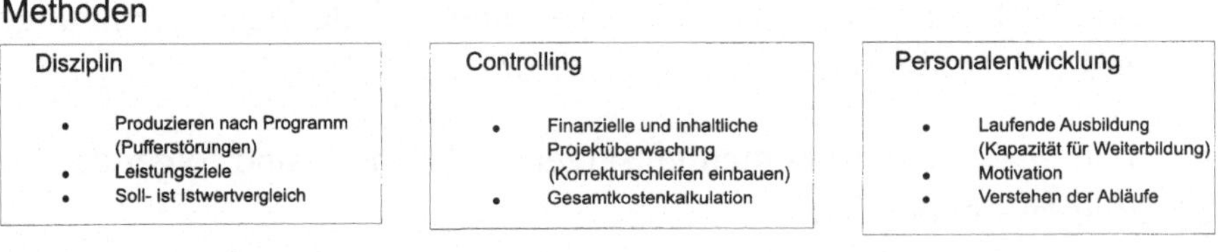

Bild 6.8: Auswirkungen der Just in Time (JIT) Strategie auf einen Industriebetrieb

6.3 Informationssysteme

Effiziente Produktion wird durch konsequenten EDV-Einsatz erreicht. Informationssysteme sind spezialisiert auf unterschiedliche Einsatzbereiche, wobei es bei der Systemfunktionalität oftmals Überschneidungen gibt. Die wichtigsten Systeme sind in Bild 6.9 dargestellt und werden in den anschließenden Unterkapiteln genauer beschrieben.

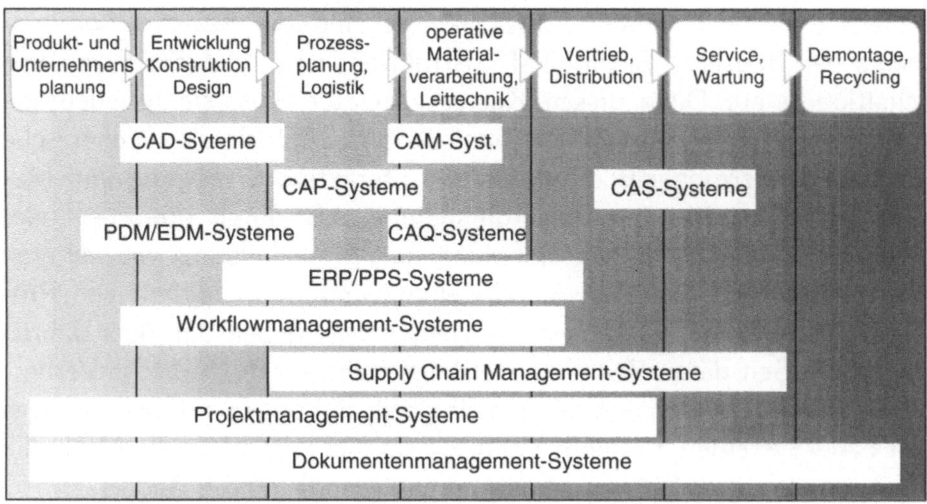

Bild 6.9: Informationssysteme im Produktlebenslauf

Die Darstellung der Systeme im Bild 6.9, als Balken der sich über mehrere Phasen des Lebenslaufes erstreckt, bedeutet nicht unbedingt, dass diese Systeme auch phasenübergreifend sind, sondern, dass entsprechende Funktionalitäten in den unterschiedlichen Phasen des Produktlebenslaufes benötigt werden. Anhand von Dokumentenmanagementsystemen kann dies anschaulich erklärt werden: Dokumente fallen im gesamten Produktlebenszyklus an. Die Funktionalität der Verwaltung von Dokumenten wird allerdings in verschiedenen Phasen von unterschiedlichen realen Systemen erfüllt. In der Produktplanung existiert z.B. ein Wissensmanagementsystem, im Vertrieb ein elektronischer Katalog und beim Service wird Software mit speziellen Suchalgorithmen zur schnellen Auffindung von Fehlern verwendet. All dies kann unter dem Begriff „Dokumentenmanagement" zusammengefasst werden, obwohl die Funktionalitäten in unterschiedlichen Systemen realisiert sind.

6.3.1   Computer Aided Design (CAD)

Definition 30 *Computer Aided Design (CAD) ist der Sammelbegriff für alle Aktivitäten, bei denen die EDV im Rahmen von Entwicklungs- und Konstruktionstätigkeiten eingesetzt wird.*

Die Funktionalitäten existierender CAD-Systeme unterscheiden sich voneinander sehr stark auf Grund des Einsatzgebietes, für den das CAD-System entwickelt wurde. Einsatzgebiete sind die Konstruktion mechanischer Bauteile, Blechteile-Konstruktion, Leiterplatten, integrierte Schaltkreise, etc. Die in diesem Kapitel gezeigten Beispiele beziehen sich auf CAD für die mechanische Konstruktion. CAD für die mechanische Konstruktion ermöglicht die graphisch-interaktive Erzeugung und Manipulation einer digitalen Objektdarstellung, z.B. durch eine zwei- oder dreidimensionale Zeichnungserstellung und Modellbildung. Im weiteren Sinn beinhaltet CAD auch die Erstellung und Manipulation von Produktdatenmodellen. CAD-Systeme werden bereits seit den 60er Jahren eingesetzt. Seit dieser Zeit sind allerdings nicht nur dramatische Verbesserungen hinsichtlich der Leistungsfähigkeit und des Funktionsumfanges von CAD-Systemen zu beobachten, es hat sich vor allem die Methodik des computerunterstützten Konstruierens grundlegend geändert.

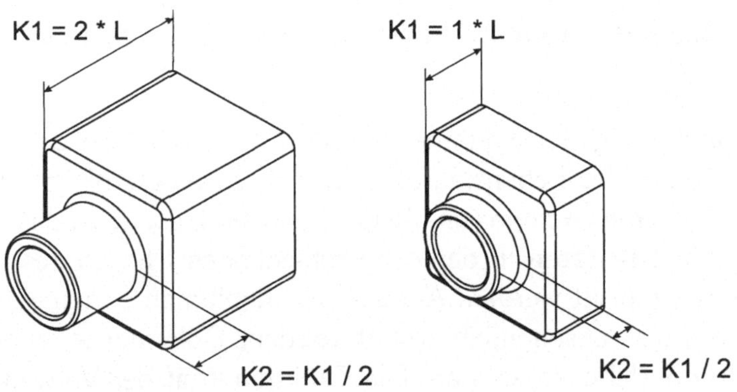

Bild 6.10: Parametrisches Konstruieren mit CAD

Die ersten CAD-Systeme waren im Prinzip „elektronische Zeichenbretter", mit denen der Konstruktionsvorgang exakt gleich ablief wie beim Konstruieren per Hand. Mit diesen Systemen wurde direkt eine 2-dimensionale Werkstattzeichnung erstellt. Im Gegensatz dazu unterstützen aktuelle CAD-Systeme featurebasiertes, parametrisches Modellieren von 3-dimensionalen Objekten. In Bild 6.10 ist ein Teil gezeigt, dessen Abmessungen K1 und K2 über den Parmeter L gesteuert werden können. Die Äbhängigkeit der Abmessungen K1 und K2 von L ist durch Formeln bestimmt.

Das Ziel bei 3D-CAD Systemen ist nicht die direkte Erstellung einer Werkstattzeichnung, sondern die Erstellung eines 3-dimensionales Modells des Produktes und seiner Struktur. Dieses Modell kann in zusätzlichen CAD-Modulen und in anderen Systemen weiterverarbeitet werden. Beispiele dafür sind das 3D-Modell für die Visualisierung in der „Virtuellen Realität“, Berechnungen, Darstellung des zukünftigen Produktes für Dokumentationen, Prospekte, etc.

Die Erstellung einer 2D-Werkstattzeichnung geschieht durch automatisches Generieren eines Schnittes des 3D-Modells (Bild 6.11).

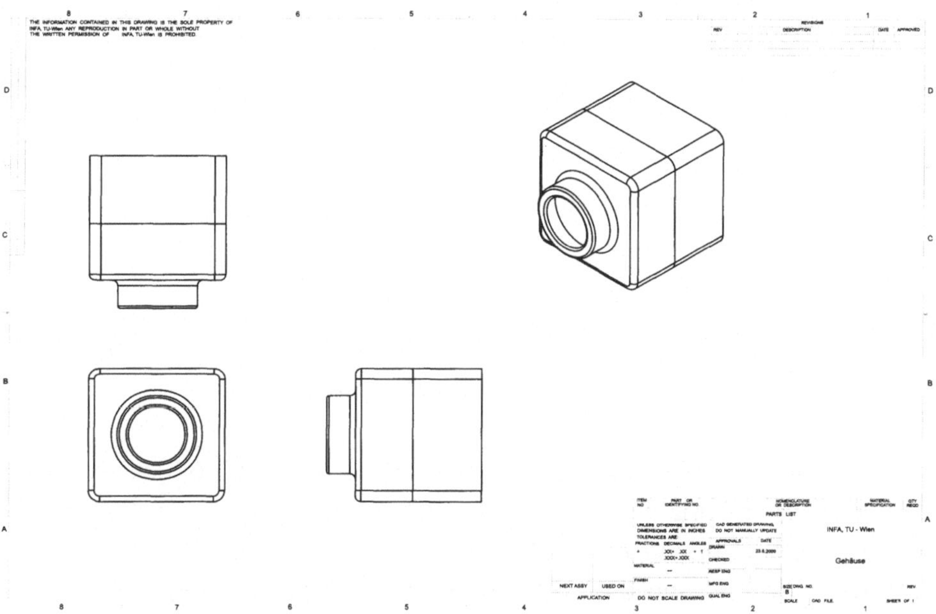

Bild 6.11: 2D-Zeichnung, generiert aus einem 3D-Modell

Zentrales Element eines CAD-Systems ist der sog. Geometrie-Modellierer. Dieser Kern der CAD-Software übernimmt die Berechnung und Darstellung der Geometrie des Bauteils. Auf die Funktionen des Geometrie-Modellierers kann über ein Benutzerinterface (via Tastatur,

Maus, Zeichenstift, etc.) oder, wie es mittlerweile von jedem modernen CAD-System angeboten wird, über eine Programmierschnittstelle zugegriffen werden. Die Geometrie der erstellten Bauteile kann in verschiedenen Standardformaten abgespeichert werden.

Abhängig vom Einsatzgebiet unterscheiden sich CAD-Systeme für die mechanische Konstruktion sehr stark durch die Methode zur Erzeugung von 3D-Objekten. Das Erzeugen von komplexen 3D-Objekten durch die Verknüpfung von einfachen 3D-Objekten ist in Bild 6.12 dargestellt.

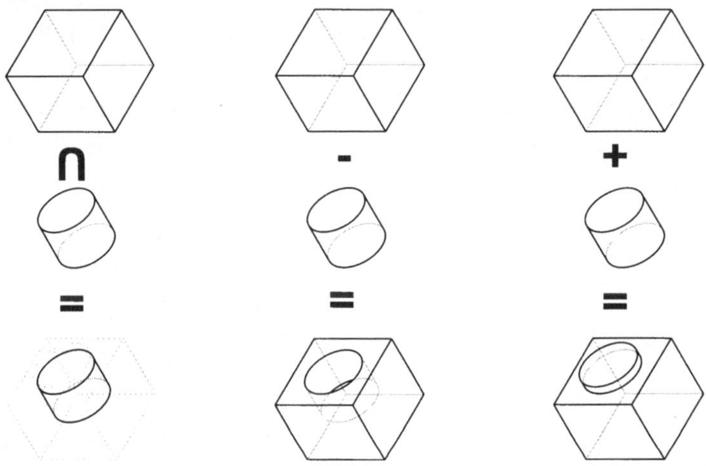

Bild 6.12: Erzeugung von komplexen 3D-Objekten durch Verknüpfung einfacher 3D-Elemente

Eine weitere Möglichkeit zur Erzeugung von 3D-Objekten zeigt Bild 6.13. Hier wird zuerst eine 2D-Skizze erzeugt und im Raum positioniert. Der 3-dimensionale Körper ergibt sich durch Rotation, wobei der Verdrehwinkel und die Lage der Achse im Raum angegeben werden muss.

Neben den unterstützenden Funktionen zum Erstellen eines 3D-CAD-Modells eines Bauteils bieten moderne CAD-Systeme modulare Erweiterungen der Grundfunktionalität:

- Verwaltungsfunktionen für Bauteile, Baugruppen und Zeichnungen. Hierzu werden zusätzliche Informationen zu den Bauteilen in einer Datenbank abgelegt. Dies ermöglicht eine Verkürzung der

Konstruktionszeit durch Wiederverwenden von bereits entwickelten Bauteilen. Diese Funktionalität wird direkt im CAD oder in angekoppelten PDM-Systemen (siehe Kapitel 6.3.7) realisiert.

- Normteilbibliotheken beinhalten z.B. Schrauben, Muttern, Profile, ...

- Kinematik-Module werden für die Simulation der Bewegung von Teilen verwendet.

- Stücklistenverwaltung und -generation. Neben den Zeichnungen für die Fertigung und Montage ist die Stückliste eines Produktes der wesentliche Output eines CAD-Systems.

- FEM-Berechnungsmodule (Finite Elemente Methode) zur Berechnung von mechanischen Beanspruchungen. Damit kann einerseits überprüft werden, ob ein Teil einer vorgegebenen Beanspruchung standhält, andererseits kann die Konstruktion in kritischen Bereichen geändert werden. Mit diesen Berechnungen kann das Erstellen von realen Prototypen dramatisch reduziert werden.

- Funktionen zur Produktdokumentation erstellen automatisch Dokumente.

- Schnittstellen sind vor allem zu anderen CAD-Systemen, CAM-Systeme und PDM-Systemen vorhanden.

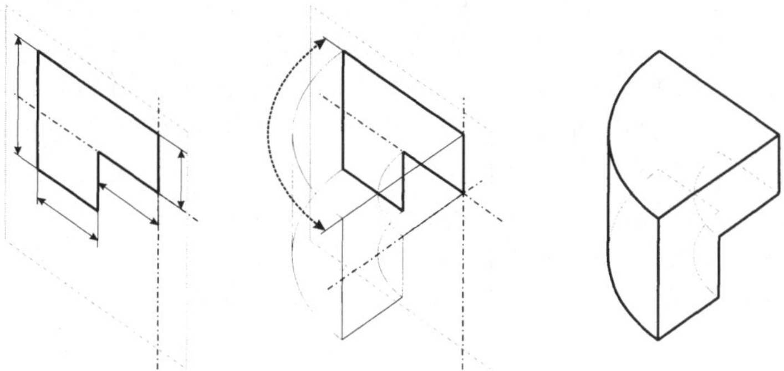

Bild 6.13: Erzeugung von 3D-Objekten durch Rotation

6.3.2 Computer Aided Manufacturing (CAM)

Definition 31 *CAM ist der Sammelbegriff für „Computer Aided Manufacturing" zur technischen Steuerung und Überwachung der Maschinen und Anlagen bei der Herstellung der Produkte im kontinuierlichen oder diskreten Herstellungsprozess.*

Solche Funktionen sind z.B. die Maschinensteuerung von Arbeitsmaschinen, verfahrenstechnischen Anlagen, Handhabungsgeräten, Transport- und Lagersystemen etc.

Im speziellen dienen CAM-Systeme zur Automatisierung der Prozessplanung, wobei die NC-Programme aus den Geometriedaten eines in einem CAD-System erstellten Bauteils generiert werden. Dabei dienen die im CAM-System hinterlegten Werkzeugbibliotheken und Maschinendaten als Basis für die Generierung der entsprechenden NC-Programme. CAM-Systeme bieten nicht nur die Möglichkeit die einzelnen Arbeitsschritte einer Fertigungsmaschine zu planen, sondern auch diese zu visualisieren und zu simulieren.

Die Visualisierung und Simulation der Abläufe wird wiederum zur Optimierung der Herstellungsprozesse verwendet. Dabei spielt vor allem die Minimierung der Herstellkosten und -zeiten des Produktes eine wesentliche Rolle. Dem Konstrukteur bzw. dem Prozessplaner steht damit ein wichtiges Hilfsmittel zur Abschätzung der Produktkosten in sehr frühen Phasen des Produktlebenszyklusses zur Verfügung.

Durch diese enge Verbindung mit CAD-Systemen wird CAM-Funktionalität meist als Erweiterungsmodul eines CAD-Systems angeboten, bzw. es existiert eine starke Kopplung zu einem bestimmten CAD-System. Weiters besteht durch diese enge Verbindung bei vielen CAM-Modulen die Möglichkeit, das CAD-Modell mit dem CAM-Modell direkt zu verknüpfen. Dabei werden Parameter im CAM-Modell von entsprechenden Parametern im CAD-Modell abgeleitet. Wird daher z.B. im CAD-Modell der Durchmesser einer Bohrung verändert, so kann der damit verbundene Bohrerdurchmesser automatisch mitverändert werden. Damit sind hochflexible Produkte kostengünstig herstellbar.

Große Unterschiede der einzelnen CAM-Systeme ergeben sich nicht nur durch die Unterstützung der verschiedenen CAD-Systeme und Datenformate, sondern auch durch den Anwendungsbereich und die Technologien, für die ein CAM-System ausgelegt und konzipiert wurde (z.B. Fräsen, Bohren, Fräsen, Stanzen, ...).

6.3.3 Computer Aided Planning (CAP)

Definition 32 *CAP (Computer Aided Planning) - Systeme sind Softwareanwendungen, die eine computerunterstützte Verwaltung und Generierung von Fertigungsplänen ermöglichen (Bild 6.14).*

Die zur Optimierung der Fertigungspläne benötigten Daten reichen von einzelnen Fertigungsprozessschritten bis zu den Personakosten. Aus diesem Grund wird CAP-Funktionalität häufig in Verbindung mit Systemen angeboten, welche weitere Funktionalitäten aus dem Bereich des Enterprise Resource Planning abdecken (ERP, siehe dazu auch Kapitel 6.3.8).

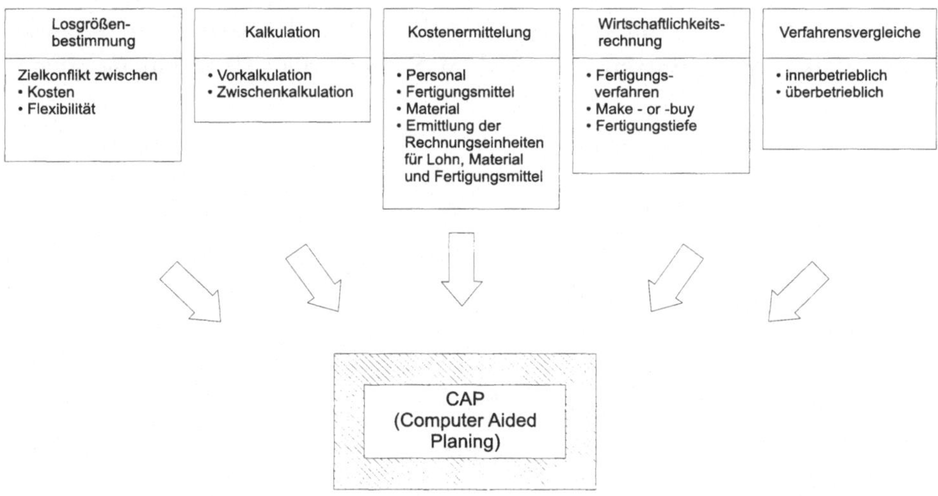

Bild 6.14: Planung mit CAP

Mit Hilfe von CAP-Systemen wird der gesamte Herstellungsprozess optimiert. Dies reicht von der Losgrößenbestimmung, wo der Zielkonflikt zwischen hoher Flexibilität bei Losgröße 1 und niedrigen Kosten durch den Wegfall des Umrüstens der Fertigungsmaschinen bei der Losgröße ∞ gelöst werden muss, über die Kalkulation und Kostenermittlung durch Berechnung des Personal- und Materialbedarfes, über den Vergleich verschiedener Fertigungsverfahren, bis zur Wirtschaftlichkeitsrechnung und der damit wichtigen strategischen Entscheidung einen bestimmten Teil im Haus zu fertigen oder von externen Lieferanten zuzukaufen (make or buy decision).

6.3.4   Dokumentenmanagement (DM)

Definition 33 *Dokumentenmanagementsysteme übernehmen die zentrale Verwaltung aller Art von elektronischen Dokumenten (Dokumente einer Office-Anwendung, CAD-Daten, Bilder, gescannte Dokumente, etc.).*

Oftmals werden DM-Systeme in Verbindung mit Workflowmanagement-Systemen angeboten oder beinhalten Teilfunktionalitäten von Workflowmanagement-Systemen.

Das DM-System (Bild 6.15) verwaltet den Zugriff auf die Datenbank in der die Daten abgespeichert werden und stellt gleichzeitig Anwenderfunktionen zur Verfügung. Die Clients stellen für den Anwender die Kommunikationsschnittstelle mit dem System dar. Über ein Netzwerk

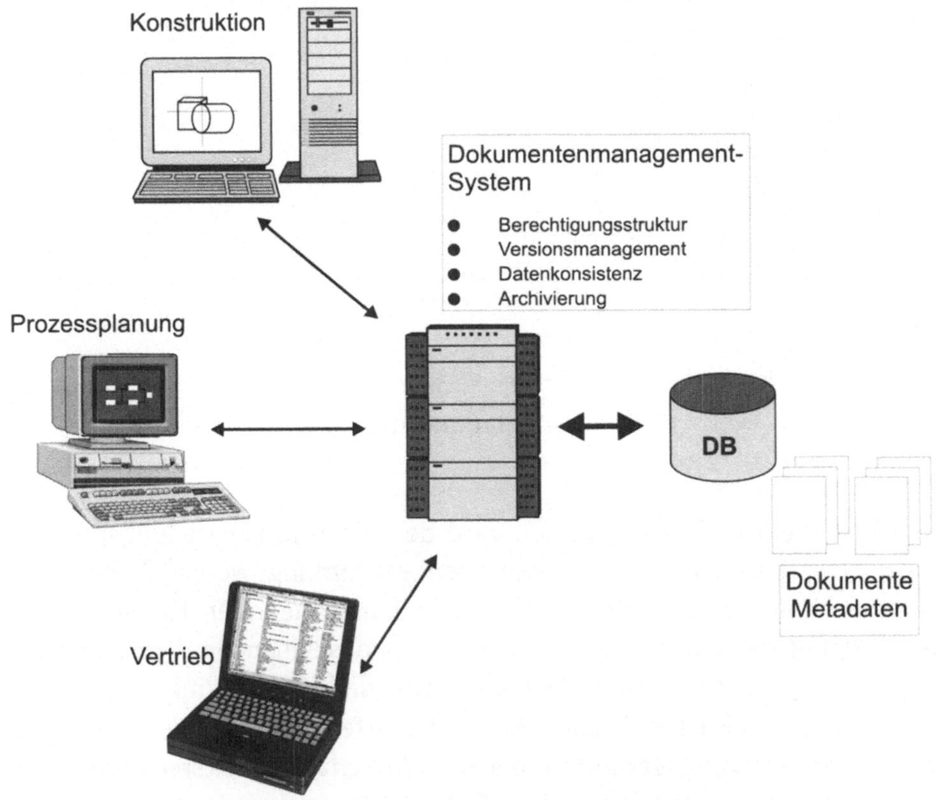

Bild 6.15: Dokumentenmanagementsystem

sind die Clients mit dem System verbunden und können Daten anfordern oder zum System senden.

Zur Verwaltung werden zusätzliche, zu den Dateien gehörende, Daten erfasst. Diese Metadaten werden in einer Datenbank am Server abgelegt. Anhand der Metadaten können die Dateien verwaltet werden, sie ermöglichen darüber hinaus eine Klassifizierung und somit ein effizientes Suchen und Wiederverwenden von Informationen.

Die Dokumente selbst können ebenfalls in der Datenbank abgelegt werden oder in vom DM-System verwalteten File-System-Bereichen abgespeichert sein. Um die hohe Sicherheit dieser Methode zu veranschaulichen, wird dieser Bereich oft auch „Vault" genannt.

Am Client wird dem Benutzer eine Oberfläche zur Verfügung gestellt über die er die Funktionen, die das System bietet, aufrufen kann. Der Zugriff auf die vom System verwalteten Daten darf aus Konsistenzgründen nur über das DM-System erfolgen. Der Benutzer wählt das zu bearbeitende Dokument über das DM-System aus, welches in der Folge eine geeignete Software zur Bearbeitung des Dokuments aufruft.

Wesentliche Funktionalitäten von Dokumentenmanagement-Systemen:

- Verwaltungsfunktionen: Übernehmen von Dokumenten in das DM-System, Eingabe von Metadaten, Suchen nach Dokumenten und Inhalten.

- Bearbeiten: Das System startet automatisch die zum Bearbeiten eines Dokumentes benötigte Software, prüft die Berechtigung des Benutzers und speichert entsprechende Daten über die Benutzung des Dokumentes für das Änderungsmanagement.

- Benutzerverwaltung: Über eine Benutzerverwaltung kann der Zugriff auf Dokumente geregelt werden. Den Benutzern können unterschiedliche Berechtigungen auf die Dokumente vergeben werden.

- Versionsmanagement/Änderungsmanagement: Funktionen zur Verwaltung der Versionierung und der Verwendung von Dokumenten. Das Dokument erhält somit eine Lebenslaufakte, in der festgehalten wird, wann was und von wem am Dokument etwas geändert wurde (Verwendungsnachweis).

6.3.5 Workflowmanagement (WM, WFM)

Definition 34 *Workflowmanagementsysteme beschäftigen sich abteilungsübergreifend mit der Modellierung, Verwaltung und Abwicklung der im Unternehmen auftretenden organisatorischen Prozesse. Das Ziel des Einsatzes von Workflowmanagement-Systemen ist es, diese Prozesse durch automatische Steuerung und Funktionsunterstützung zu beschleunigen und die Möglichkeit einer effizienten Überwachung der Arbeitsabläufe und Dokumentenflüsse im Unternehmen zu bieten.*

Die prinzipiellen Funktionen eines Workflowmanagementsystems beinhaltet:

- Erstellen von Modellen für organisatorische Abläufe: Die Arbeitsabläufe können im System abgebildet, verwaltet und verändert werden. Das System verwaltet die Modelle und die dazugehörigen Daten.

- Simulation: Die erstellten Prozessmodelle können simuliert werden. Dies bietet die Möglichkeit zur Optimierung der realen Prozesse im Unternehmen.

- Statistische Auswertungen: Zur Überwachung der Prozesse können die erfassten Ist-Daten mit den Soll-Daten verglichen und statistisch ausgewertet werden.

- Unterschiedliche Darstellungen: Die Systeme bieten unterschiedliche Ansichten auf die Prozesse wie Ablaufdiagramm, Organigramm, Funktionsbäume.

- Ablaufsteuerung: Zur Steuerung der Prozesse bieten diese Systeme Funktionen um Dokumente, Aufträge etc. weiterzuleiten, automatische Benachrichtigungen zu generieren und Funktionen für das Freigabewesen (Einsatz elektronischer Signaturen).

In Bild 6.16 ist das Prinzip eines Workflowmanagementsystems dargestellt. Ein existierender realer Prozess wird analysiert und verbessert. Dieser Soll-Prozess wird in einem vereinfachten Modell im System abgebildet. Das System kann nun Daten, wie z.B. Dokumente, Benachrichtigungen, Arbeitsaufträge und Termine, abhängig von bestimmten Regeln und Bedingungen verarbeiten und weiterleiten.

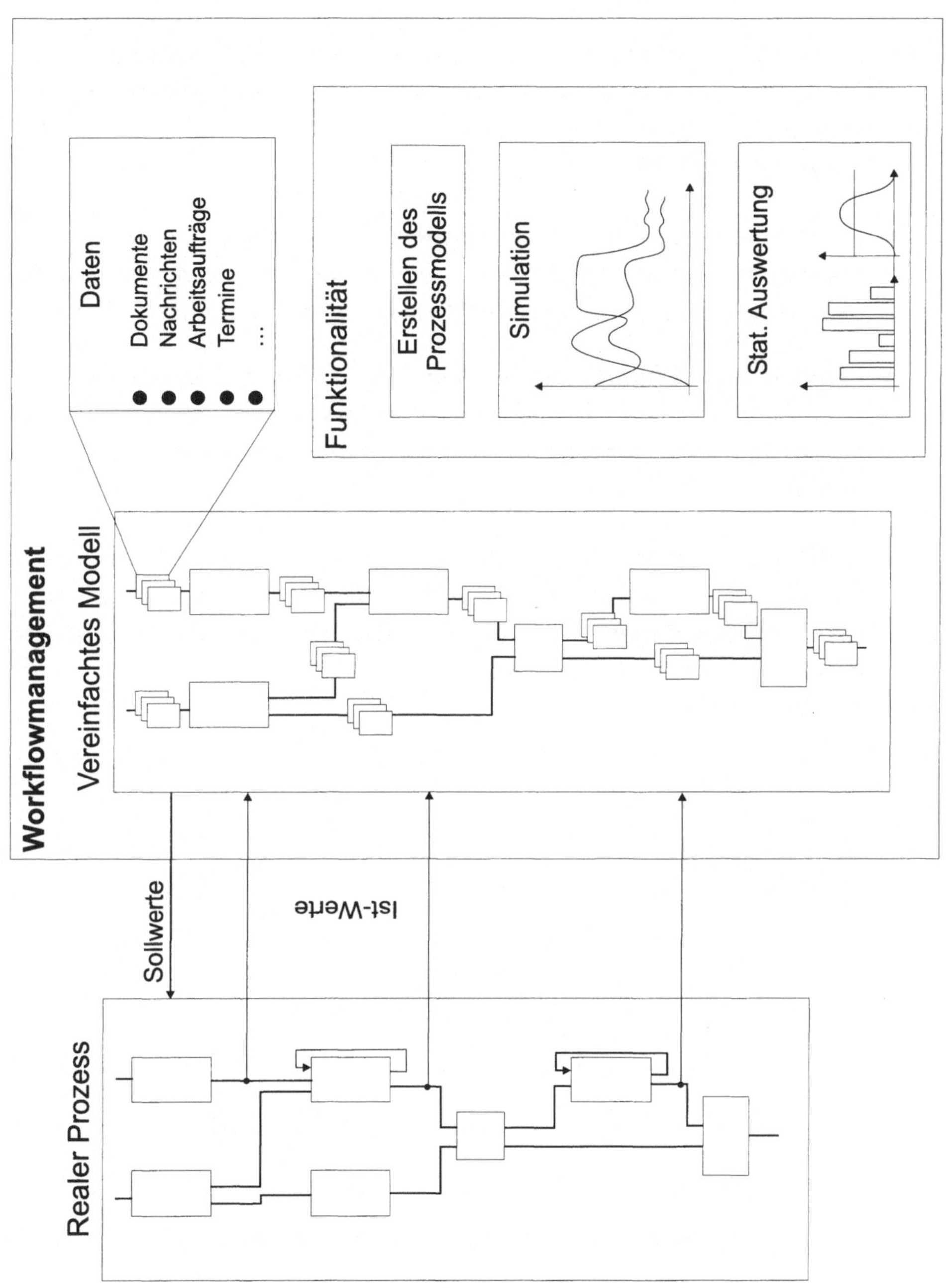

Bild 6.16: Workflowmanagement-System

6.3.6 Projektmanagement (PM)

Definition 35 *Projektmanagementsysteme stellen Funktionalitäten für die Abwicklung von Projekten zur Verfügung. Sie ermöglichen das Planen, Steuern und Überwachen von Projekten hinsichtlich Zeit, Kapazität und Kosten (Bild 6.17):*

- *Projektplanung: Die systematische Informationsgewinnung und -dokumentation über den zukünftigen Ablauf des Projektes und die gedankliche Vorwegnahme des notwendigen Handelns im Projekt.*

- *Projektüberwachung: Der Vergleich der Sollvorgaben der Projektplanung mit den im Projektverlauf erreichten Ist-Werten und die Identifizierung von eventuellen Abweichungen gegenüber den Vorgaben.*

- *Projektsteuerung: Die Ausführung aller projektinternen Aktivitäten des Projektleiters, die erforderlich sind, um das geplante Projekt im Rahmen der Planungsvorgaben abzuwickeln und dadurch erfolgreich durchzuführen.*

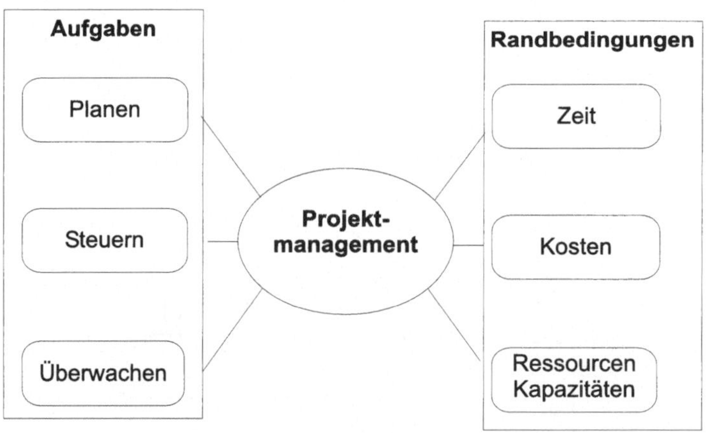

Bild 6.17: Projektmanagement

Zur Verwaltung der Daten und Informationen findet auch hier bei größeren PM-Systemen ähnlich wie bei den DM-Systemen ein zentraler Server mit einer Datenbank Verwendung.

Grundsätzlich werden in PM-Systemen die Projekte in Teilaufgaben zerlegt, über Verknüpfungen eine Reihenfolge für die Ausführung festgelegt und den Teilaufgaben Ressourcen und zeitliche Vorgaben zugeordnet.

In den sog. Basisdaten werden alle notwendigen Daten über Ressourcen Kosten und Erlöse, Kalender sowie Standard-Projektstrukturen mit Netzplänen, die in der Projektplanung verwendet werden, abgespeichert.

Der Funktionsumfang von Projektmanagementsystemen erstreckt sich über folgende Punkte:

- Projekt planen: Erfassen der Projektbasisdaten und Strukturieren des Projektes in Hauptprojekte, Unterprojekte und Vorgänge mit zeitlichen Abhängigkeiten und erforderlichen Ressourcen. Festlegen der Ressourcen und Termine sowie die Budgetierung eines Projektes. Auf dieser Basis können Varianten von Projektplänen erstellt, verwaltet und hinsichtlich Termin-, Kapazitäts- und Kostenaspekten ausgewertet und im Verlauf simuliert werden. Dadurch kann ein Projekt optimiert werden. Zu jedem Zeitpunkt des Projektes können gegenwärtige und zukünftige Eckdaten des Projektes ermittelt werden.

- Überwachung, Auswertung: Über ein integriertes Rückmeldesystem können die aktuellen Ist-Termine, -Aufwände, -Kosten rückgemeldet, mit den Solldaten verglichen und der Projektfortschritt dokumentiert werden. Diese Daten können nach unterschiedlichen Analysekriterien aufbereitet werden, um zielgruppenorientiert über notwendige Änderungen am Projektablauf zu informieren.

- Visualisierung: Die Systeme bieten verschiedene Möglichkeiten, je nach Anforderung, Projektdaten und -strukturen grafisch darzustellen. Die zu beliebigen Zeitpunkten ermittelten Projektdaten, wie Gesamtdauer, Kosten und Ressourcenauslastung, können auch in textueller Form als Report ausgegeben und ausgewertet werden.

- Kommunikationsfunktionen: Kommunikationsfunktionen sind Funktionen zum manuellen oder automatischen (eventgesteuertem) Versenden von elektronischen Nachrichten. Sie dienen der Koordination der am Projekt beteiligten Teammitglieder bzw. der Projektüberwachung, wie z.B. die automatische Benachrichtigung des Projektleiters bei Terminüberschreitungen von Aufgaben.

6.3.7   Produktdatenmanagement (PDM)

These 58 *Daten über das Produkt stellen das intellektuelle Kapital eines Unternehmens dar.*

Eine effiziente Verwaltung und ein rascher Zugriff auf die Produktdaten stellt somit einen wesentlichen Erfolgsfaktor eines Unternehmens dar. Diese Aufgabe wird durch PDM-Systeme (Produktdatenmanagement, Product Data Management) automatisiert und unterstützt. Häufig werden diese Systeme auch als EDM-Systeme (Engineering Data Management) bezeichnet.

Definition 36 *Die Aufgabe von Produktdatenmanagementsystemen liegt in der Verwaltung aller im Produktentstehungsprozess anfallenden Produktdaten. Sie bilden eine übergeordnete Plattform für den Zugriff auf die Produktdaten und zugehörige Dokumente (Zeichnungen, Stücklisten, NC-Programme) sowie deren Sicherung, Steuerung, Verteilung und Archivierung und verbinden so die im Produktenstehungsprozess beteiligten Applikationssysteme (CAD-Systeme, ERP-Systeme, Projektmanagementsysteme, etc) über Schnittstellen zu einem Gesamtsystem.*

Sie bieten also einerseits Funktionalitäten von Dokumentenmanagementsystemen, andererseits wird durch das Abbilden von Workflows (Prozessen) auch ein weitgehender Bereich der Möglichkeiten von Workflowmanagementsystemen abgedeckt.

Aufgebaut sind PDM-Systeme in Client-Serverarchitektur, wobei der Server die Anfragen der Clients auf Zugriffe auf die PDM-Datenbank regelt. Bei großen Unternehmen ist die Implementierung mehrerer verteilter Datenbank-Server, die aufeinander abgestimmt arbeiten, notwendig.

Der Großteil der PDM-Systeme verfolgen einen objektorientierten Ansatz in der Darstellung und Handhabung der Daten, obgleich zumeist eine relationale Datenbank zur Ablage der Daten verwendet wird. D.h. alle Daten werden in Instanzen vorher zu definierender Objektklassen abgelegt. Durch die Festlegung von Beziehungen zwischen den Objekten kann eine Struktur aufgebaut und Zusammenhänge zwischen Daten abgebildet werden. Es werden nicht nur direkte Daten (Dokumente, Zeichnungen, ...) verwaltet, sondern auch Metadaten. Diese Metadaten sind „Daten über Daten", wie z.B. letzter Änderungszeitpunkt, Versionsnummer, etc.

Die Implementierung eines PDM-Systems im Betrieb erfordert eine umfangreiche Konfiguration des Systems. Dies beinhaltet das Anlegen der Benutzer in der Datenbank, das Abbilden der Workflows und Prozesse des Betriebes im System und das Anlegen von geeigneten Objektklassen und Beziehungen. Oftmals ist auch das Programmieren von Schnittstellen zu anderen Systemen notwendig.

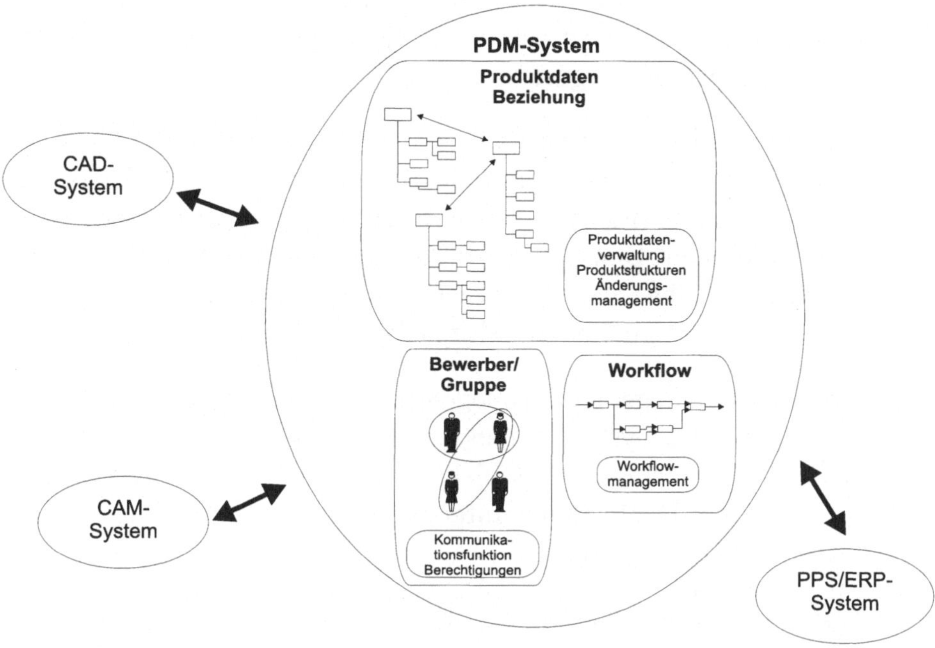

Bild 6.18: Produktdatenmanagementsystem

Die wesentlichen Funktionalitäten eines PDM-Systems sind (siehe auch Bild 6.18):

- Produktdatenverwaltung: Das System verwaltet in einer Datenbank und/oder einem geschützten Bereich im Filesystem (Vault) die Daten und Dateien. Der Zugriff auf diese Daten von Benutzern kann somit nur über das PDM-System erfolgen. Der Benutzer kann neue Objekte und Beziehungen zwischen Objekten anlegen, ändern oder nach Objekten/Daten suchen und sich die Produktstrukturen anzeigen lassen. Die Produktdaten können klassifiziert werden (Sachmerkmalleisten nach DIN 4000 werden zumeist unterstützt).

- Workflowmanagementfunktionen: Zu den Objekten im PDM-System können Workflows erstellt werden, über die Freigabeprozesse gesteuert werden. Je nach Fähigkeiten des Systems können komplexe Workflows mit parallelen Prozessen und Verzweigungen abgebildet werden. Der Workflow kann manuell, zeit- oder aktionsgesteuert ausgelöst werden. Ein Statusübergang kann Aktionen (automatische Benachrichtigungen, Änderungen von Daten, etc) auslösen. Zumeist sind elektronische Signaturen für die Freigabe von Dokumenten vorgesehen.

- Benutzer- und Zugriffsverwaltung: Um den Zugriff auf die vom System verwalteten Daten und Dokumente zu steuern, werden Benutzer im System angelegt, welche zu Gruppen zusammengefasst werden können. Den Benutzern können ebenfalls Rollen zugeordnet werden. Über diese Benutzer, Gruppen und Rollen werden die Zugriffsberechtigungen auf Datenobjekte verwaltet.

- Änderungsmanagement: Anlegen von Änderungsanträgen und -aufträgen. Das System erzeugt selbständig eine Änderungshistorie von Dokumenten und Objekten, die bei Bedarf zurückverfolgt werden kann. Die Systeme unterstützen die Versionierung der verwalteten Dateien/Objekte.

- Kommunikationsfunktionen: Über integrierte Messagingfunktionen können Nachrichten zwischen den Benutzern versendet werden. Die Kommunikationsfunktionen werden auch zur automatischen Benachrichtigung beim Eintreten von im Workflow vordefinierten Ereignissen genutzt.

- zusätzliche Funktionen: PDM-Systeme bieten weiters teilweise Projektmanagementfunktionen, Archivierungsfunktionen, Visualisierungsfunktionen bzw. die Möglichkeit externe Viewer einzubinden

Da PDM-Systeme als Integrationsplattform eingesetzt werden, sind vor allem die vorhandenen Schnittstellen zu anderen im Produktentstehungsprozess verwendeten Systemen von großer Bedeutung.

6.3.8 Enterprise Resource Planning (ERP)

ERP-Systeme sind Softwaresysteme, die zur computerunterstützten Abwicklung der Ressourcenplanung in einem Produktionsbetrieb entwickelt wurden. Oftmals werden Systeme mit ähnlicher Funktionsweise auch als PPS-Systeme (Produktionsplanung und -steuerung) bezeichnet, wobei der Begriff „Produktion" in diesem Zusammenhang nur die Fertigung und Montage umfasst.

Definition 37 *ERP-Systeme unterstützen und automatisieren die organisatorische Planung, Steuerung und Kontrolle der Fertigungs- und Montageabläufe vom Auftragseingang (durch den Vertrieb) über Kapazitätsterminierung, terminliche Fertigungssteuerung, Betriebsdatenerfassung (BDE) bis zur Steuerung des Versandes.*

Die Systeme sind meist modular aufgebaut und können je nach Zielgruppe (eine Unterscheidung wird z.B. oftmals in Systeme für Groß-, Mittel- und Kleinbetriebe getroffen) unterschiedlichen Funktionsumfang und Komplexitätsgrad aufweisen.

ERP-Systeme fungieren einerseits als Informationssysteme für Finanzbuchhaltung und Warenwirtschaft, andererseits auch als Planungstools für den Fertigungs- und Montageprozess (Erstellen von Fertigungs- und Montageplänen) mit zusätzlichen Funktionalitäten der Fertigungs- und Montagessteuerung.

Große Softwareanbieter auf dem Gebiet der ERP-Systeme bieten ebenso Module mit unterstützenden Funktionen für das Projektmanagement, das Qualitätsmanagement, sowie für den Vertrieb an. Als weitere wichtige Funktionalität wird oftmals auch Computer Aided Planning (siehe Kapitel 6.3.3) angeboten.

Zunehmend sind auch Lösungen mit einem Zugriff auf Funktionen und Daten des Systems über das Internet erhältlich. Besonders im Rahmen der Geschäftsabwicklung über das Internet (eCommerce) ist der schnelle Zugriff auf zuverlässige Daten betreffend der Kosten und Lieferzeiten eine Produktes sehr wichtig.

Die Daten über Ressourcen, Benutzer, sowie die erstellten Arbeitspläne, Workflows und Geschäftsprozesse werden auf einem Server in einer Datenbank abgelegt, und können von Clients von verschiedener Stelle aus abgerufen und manipuliert werden. Die Planungstätigkeiten werden durch graphische Visualisierungen der Prozesse unterstützt. Zur

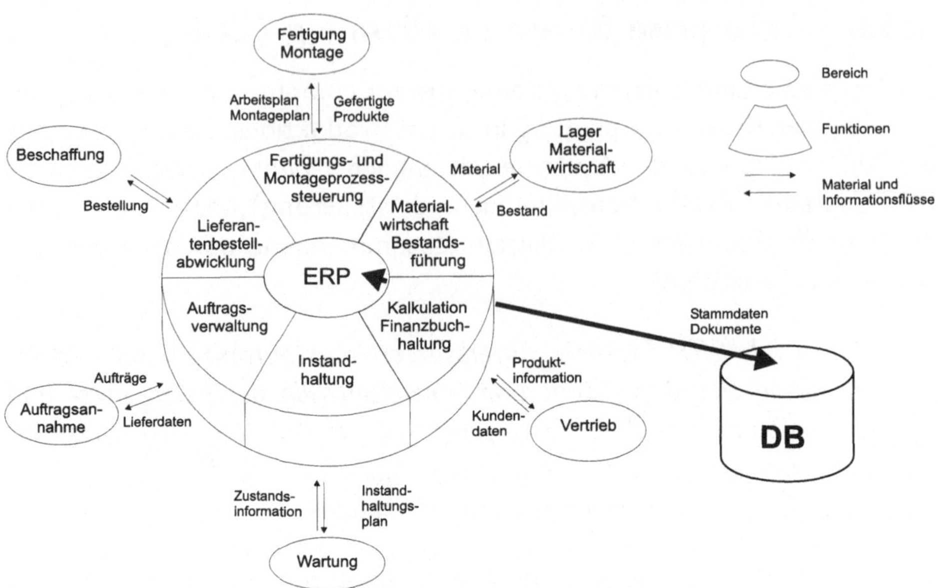

Bild 6.19: ERP-Systeme im Industrieunternehmen

Optimierung und Überwachung von Prozessen lassen sich Reports erstellen und Simulationen durchführen.

Die wichtigsten Anwendungsgebiete von ERP-Systemen sind (siehe auch Bild 6.19):

- Fertigungs- und Montageplanung: Absatz-, Vertriebs- und Fertigungs/Montage-Grobplanung. Erstellen von Prognosen und Materialbedarfspläne, Ressourcenplanung.

- Prozessplanung: Erstellung von Arbeits- und Montageplänen.

- Materialwirtschaft, Bestandsführung (Führen von Lagerbeständen, Bestellbeständen, Lieferantenbestellabwicklung).

- Fertigungs- und Montagesteuerung, Fertigungsleitstände.

- Instandhaltung.

- Projektmanagement, Auftragsmanagement.

- Kalkulation, Finanzbuchhaltung, Vertrieb.

6.3.9 Supply Chain Management (SCM)

Definition 38 *SCM-Systeme (Supply Chain Management - Systeme) sind informationstechnologische Hilfsmittel zur Unterstützung eines effektiven Managements der Supply Chain (Lieferkette).*

Während ERP-Systeme die internen Prozesse eines Betriebes gestalten und optimieren (lokales Optimum), ermöglichen SCM-Systeme die Gestaltung und Optimierung der gesamten Lieferkette (globales Optimum). Im Idealfall umfasst SCM alle Material- und Informationsflüsse der gesamten Lieferkette von den Rohstoffen bis zum Endkunden. Bild 6.20 zeigt ein Element einer Supply-Chain. Mehrere Lieferanten liefern über Logistikdienstleister an ein Industrieunternehmen. Dieses besteht, vereinfacht dargestellt aus Beschaffung, Lager, Fertigung, Montage und Distribution. Die Produkte werden wiederum über Logistikdienstleister an die Kunden verteilt. Diese können ebenfalls Industrieunternehmen oder auch Endkunden sein. Die Aneinanderreihung dieser Elemente ergibt dann die Supply Chain.

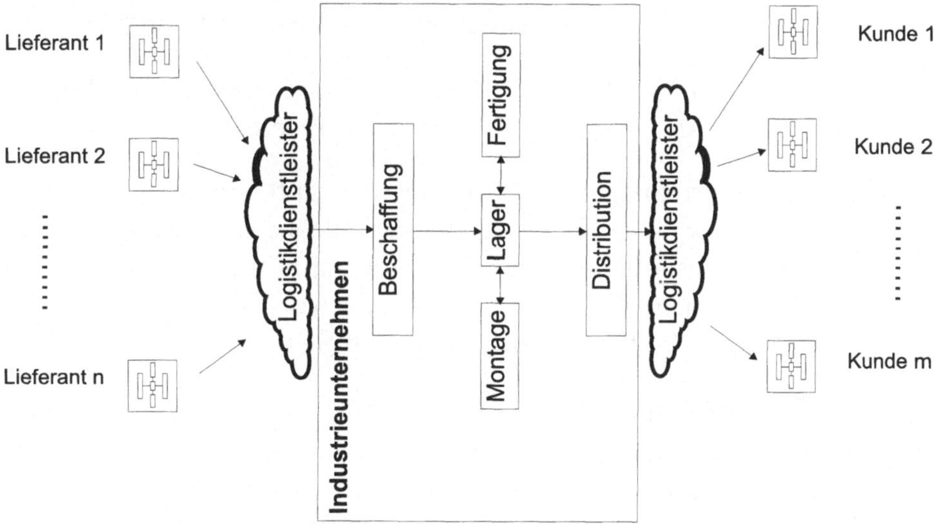

Bild 6.20: Element einer Supply-Chain

Aufgrund der Komplexität der „SCM-Philosophie" konzentrieren sich die Anbieter von sogenannten „SCM-Systemen" meistens auf den Vertrieb von technischen Hilfsmitteln zur Unterstützung spezieller Aufgaben des SCM, wie z.B. einzelne Planungsaufgaben, der Optimierung der Lager- und Transportabwicklung oder des eCommerce. Der kleinere Teil der Hersteller bietet SCM-Produkt-Suites mit umfassenderer Funktionalität an, die, in aller Regel modular aufgebaut, auf die individuellen Kundenbedürfnisse bzgl. einer IT-Infrastruktur zur Realisierung eines Supply Chain Managements zugeschnitten werden können.

Die SCM-Anbieter bieten in der Regel modulare Lösungen an, die an den Bedarf des einzelnen Kunden angepasst werden können. SCM-Spezialanbieter konzentrieren ihr Angebot auf eine bestimmte Planungs- oder Steuerungsfunktionalität oder bieten Know-how in einer bestimmten Technologie an. Ein Teil der Funktionen orientiert sich an den betrieblichen Planungs- und Steuerungsaufgaben produzierender Unternehmen, andere Funktionen konzentrieren sich auf die Optimierung oder Visualisierung der Datenmodelle, die die realen Bedingungen der Supply Chains in Modellen abbilden. Eine dritte Gruppe von Funktionen realisieren die Datenhaltung, den elektronischen Datenaustausch, den Datenzugriff und die Visualisierung und bilden damit die Grundlage für die Planungs- und Steuerungsapplikationen

Folgende Funktionalitäten werden von SCM-Systemen angeboten:

- Supply Chain Monitoring: Visualisierung und Kontrolle der Supply Chains bzw. der einzelnen Supply Chain Elemente.

- Beschaffungsmanagement: Technische Unterstützung der Beschaffungsvorgänge. Teilaspekte sind Teileanalysen, Make-or-buy-Entscheidungsunterstützung, Hilfe zur Supplier Auswahl, Electronic Procurement und die Unterstützung von Beschaffungsstrategien wie Just-In-Time (siehe dazu auch Seite 159).

- 3rd-Party-Management: Technische Unterstützung von Outsourcingvorgängen. Teilaspekte sind Make-or-buy-Entscheidungsunterstützung und die Integration von Lohnfertigern, Logistikdienstleistern, Informationsdienstleistern, usw.

- Lager- und Transportmanagement: Technische Unterstützung der Distributionsvorgänge. Teilaspekte sind Transportverfolgung und Qualitätsüberwachung, Efficient Consumer Response (ECR) und die Unterstützung von Distributionsstrategien wie Just-In-Time.

6.3.10 Computer Aided Quality Assurance (CAQ)

Definition 39 *CAQ-Systeme (Computer Aided Quality Assurance) sind konzipiert um einerseits die notwendigen Prüfaktivitäten zu planen, andererseits bieten sie Funktionalitäten, um die Prüfergebnisse auszuwerten und Berichte zu erstellen, und werden somit als unterstützende Werkzeuge für das Qualitätsmanagement im Betrieb eingesetzt.*

CAQ-Systeme werden oftmals als Modul eines ERP-Systems angeboten, da viele der für das Qualitätsmanagement (vor allem in der Fertigung und Einkauf) notwendigen Daten in ERP-Systemen verwaltet werden. Typische Funktionalitäten von CAQ-Systemen sind:

- Mess- und Prüfmittelverwaltung: Verwalten der Stammdaten der Mess- und Prüfmittel. Dokumentation der durchgeführten Prüfungen, Zuordnung der Kosten für Prüf- und Hilfsmittel.

- Prüfplanung: Erstellen und Verwalten von Prüfplänen. Zuweisen von Prüfmittel, Prüfzeitpunkten. Festlegung von verbindlichen Qualitätsmerkmalen.

- Qualitäts- und Prüfüberwachung:

  - Erfassen der Betriebs- und Prüfdaten.
  - Prüfergebnisse auswerten (Analysefunktionen, Soll-ist-Vergleiche, Erstellen von Berichten zur Fehlerursachenermittlung und zur Dokumentation).

- Lieferantenbewertung: Automatische Datenübernahme aus vorhandenem Warenwirtschafts-System sind möglich. Weiters stehen Funktionen zur Bericht- und Protokollerfassung, automatische Bewertung der Lieferanten und Beeinflussung der Einkaufsabwicklung sowie automatisiertes Berichtswesen zur Verfügung.

- Reklamationsmanagement: Aufschlüsselung nach Kunden, Produkten, Dringlichkeit und automatische Weiterleitung an entsprechende Stelle.

- Auditmanagement: Unterstützung bei Zertifizierungen und Audits im Rahmen von ISO9000ff. Verwaltung der Terminplanung und der Checklisten.

6.3.11 Informationssysteme zur Vetriebsunterstützung (CAS, SFA, CRM)

Seit Mitte der 80er Jahre werden CAS/SFA/CRM-Systeme (Computer Aided Selling, Sales Force Automation, Customer Relationship Management) zur Unterstützung des Vertriebs und des Marketings eingesetzt.

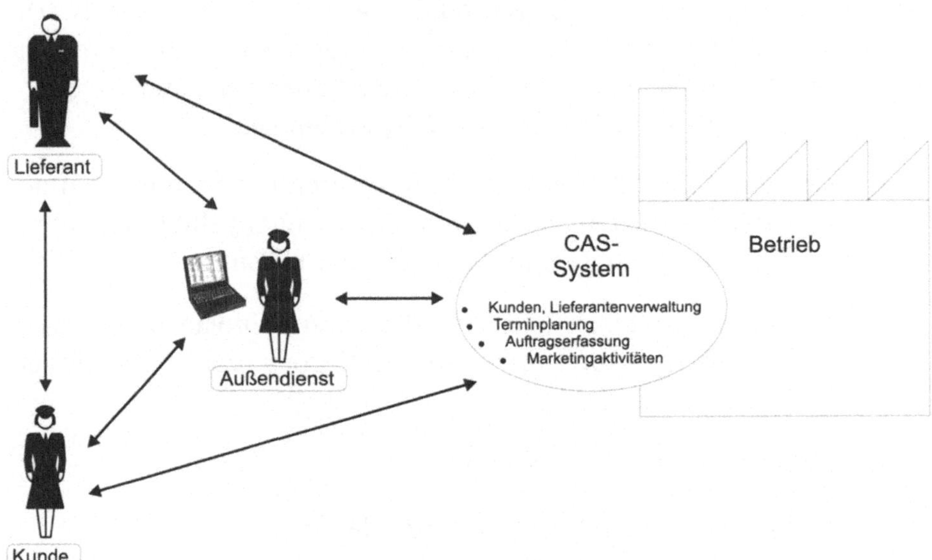

Bild 6.21: CAS-System

Definition 40 *CAS/SFA/CRM-Systeme sind Informations-, Beratungs-, Angebots- und Bestellsysteme für das Marketing und den Vertrieb.(Bild 6.21).*

Diese Systeme bieten typischerweise Funktionen zur Auftragserfassung und -bearbeitung, Planung von Marketingaktivitäten, Kunden- und Lieferantendatenverwaltung, Terminplanung, statistischen Auswertung und Bestellungsverwaltung.

6.4 Systemintegration

Informationssysteme gewinnen in Industriebetrieben immer mehr an Bedeutung, da einerseits die Software immer mehr Funktionalität bei leichterer Bedienbarkeit aufweist, und andererseits die Kosten der Hardware dramatisch gesunken sind. Der Einsatz dieser Software schafft jedoch Dateninseln, da jede Applikation „ihre" Daten in einer eigenen Datenbank oder in einem eigenen Datenformat hält.

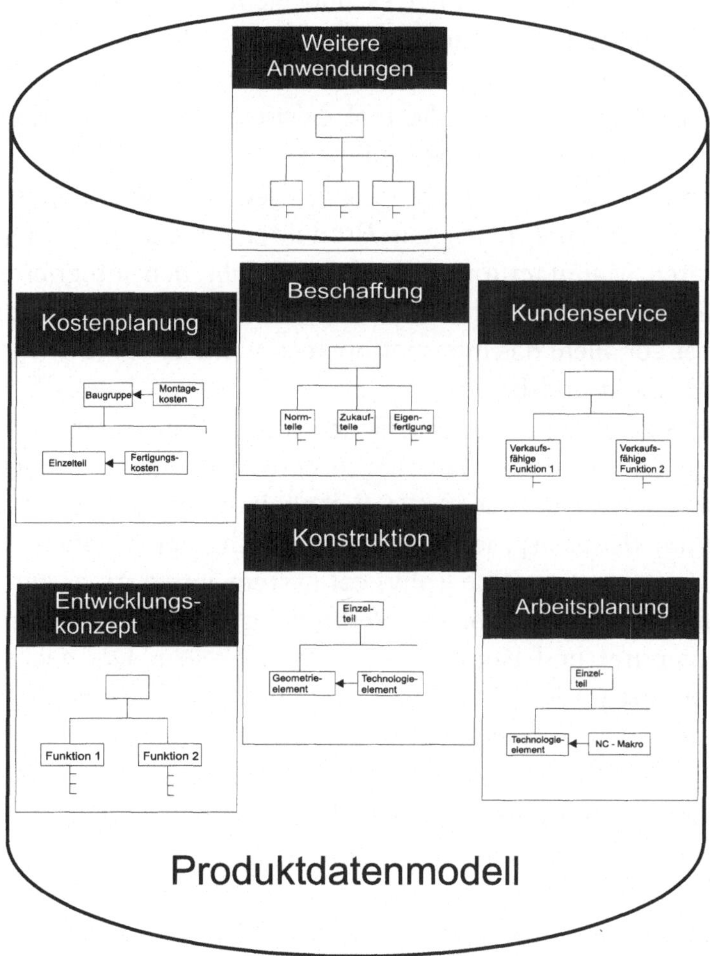

Bild 6.22: Ideales Produktdatenmodell mit zugehörigen Funktionsdaten

Diese mehrfache oder redundante Speicherung gleicher Dateninhalte verursacht einen hohen Mehraufwand und ist eine potentielle Fehlerquelle. Bei der Manipulation eines Datensatzes muss dieser an verschiedenen Stellen (meist Datenbanken) daher mehrfach eingefügt, geändert und gelöscht werden. Als Beispiel redundanter Datenhaltung sei die mehrfache Eingabe von Geometrieinformationen während des Fertigungsablaufs in der Konstruktion, Fertigungsplanung und Qualitätssicherung genannt.

In Gegensatz dazu ist in Bild 6.22 der theoretische Idealfall dargestellt. Hier existiert ein integriertes und nicht-redundantes Produktdatenmodell, welches alle Daten eines Produktes, die im Laufe seiner Lebensdauer (Bild 6.9) erzeugt und verwendet werden, beinhaltet. Diesem thoretischen Idealfall stehen die real existierenden Informationsysteme gegenüber, die integriert werden müssen.

Ein historisch wichtiges Konzept zur Integration der technischen und organisatorischen Funktionen zur Produkterstellung ist CIM (Computer Integrated Manufacturing). CIM beschreibt den integrierten EDV-Einsatz aller mit der Produktion zusammenhängenden Betriebsbereichen und umfasst vor allem das informationstechnische Zusammenwirken zwischen CAD/CAM und ERP.

Bild 6.23 zeigt die unterschiedlichen Integrationsstufen und wie sich diese im Laufe der letzten Jahrzehnte entwickelt haben. Dabei wurden die englischsprachigen Ausdrücke beibehalten, da sich diese größtenteils auch im deutschsprachigen Raum durchgesetzt haben. Die physikalische Systemintegration (physical system integration) umfasst die Systemkommunikation, d.h. die Verbindung und den Datenaustausch mittels Computer und Kommunikationsprotokollen. Die nächste Stufe (application integration) beinhaltet zusätzlich die Zusammenarbeit und die Integration von Anwendungen.

Ein aktueller Begriff, mit welchem die Vernetzung der unterschiedlichen Informationssysteme in einem Unternehmen bezeichnet wird, ist die „Enterprise Application Integration" (EAI).

Definition 41 *Mit Enterprise Application Integration (EAI) wird die Vernetzung von Informationssystemen in einem Unternehmen bezeichnet.*

Typischerweise existieren in einem (Industrie-)unternehmen „Alt"-Systeme (legacy-systems) und Datenbanken, welche weiterhin benutzt

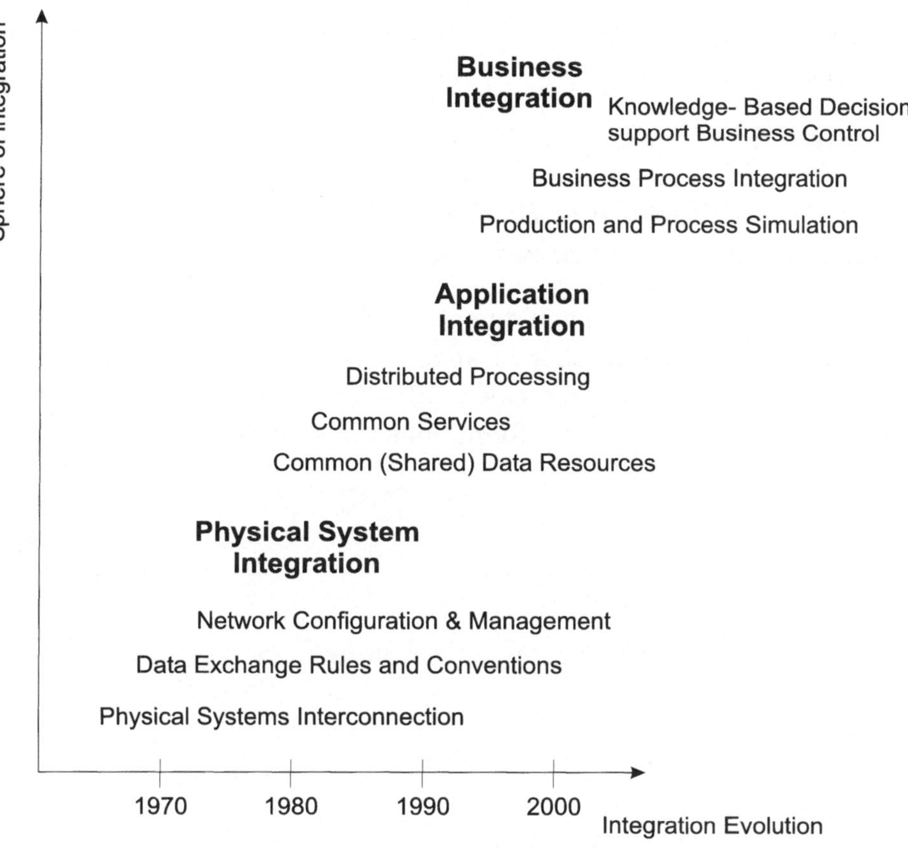

Bild 6.23: Historische Entwicklung der Integration

oder zumindest genutzt werden sollen. EAI soll das Zusammenwirken verschiedener Applikationen ermöglichen.

Die dritte und höchste Stufe der Integration ist die Business Integration, welche auch als Enterprise Business Integration (EBI) bezeichnet wird.

Definition 42 *Bei der Enterprise Business Integration (EBI) werden die Geschäftsprozesse verschiedener Unternehmen miteinander vernetzt.*

Diese Vernetzung der Geschäftsprozesse kann in verschiedenen Bereichen der Unternehmen stattfinden. Eine Vernetzung mit dem Schwerpunkt z.B. in der Logistik bildet eine Lieferantenkette (Supply Chain), welche durch Supply Chain Management Systeme (siehe SCM, Kapitel 6.3.9) automatisiert und unterstützt werden.

Idealerweise bilden dann mehrere Unternehmen ein sog. „Virtuelles Unternehmen".

Definition 43 *Ein virtuelles Unternehmen (Virtual Enterprise) ist der Zusammenschluss von unterschiedlichen Unternehmen mit dem gemeinsamen Ziel, ein bestimmtes Produkt und/oder Dienstleistung zu entwickeln, zu erzeugen und zu vertreiben.*

Die beteiligten Firmen können durchaus im Rahmen eines virtuellen Unternehmens kooperieren, aber in anderen Märkten Konkurrenten sein. Bild 6.24 zeigt das Konzept eines virtuellen Unternehmens, das über das kostengünstige Internet Informationen austauscht.

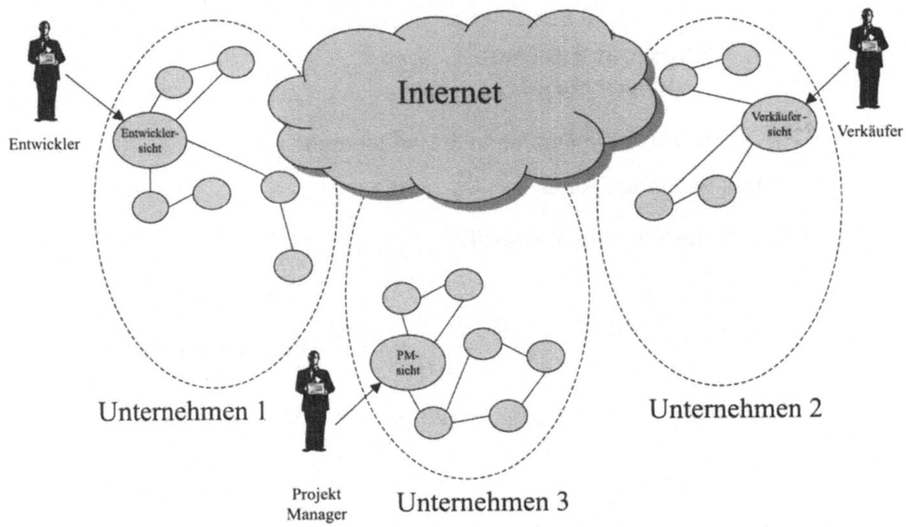

Bild 6.24: Beispiel für ein virtuelles Unternehmen

Kapitel 7

Entscheidungstools:
Entscheiden - Führen

These 59 *Um die „Time to Market" eines Produktes zu verringern, müssen Entscheidungen rasch und mit hoher Treffsicherheit getroffen werden.*

In diesem Kapitel werden beispielhaft einige Möglichkeiten zur Automatisierung von Entscheidungsprozessen durch Informationssysteme im Bereich der Produkt- und Prozessentwicklung, der Unternehmensplanung und dem Verkauf vorgestellt. Dies sind einige Beispiele für Methoden und Tools, welche im Rahmen von Industrie- und Forschungsprojekten am Institut für flexible Automation (INFA) an der Technischen Universität Wien erarbeitet wurden.

7.1 Entscheidungstools für die Produkt- und Prozessentwicklung

7.1.1 IDS - Konstruktionsbegleitende Kalkulation

Die konstruktionsbegleitende Kalkulation mit IDS ist ein wesentliches Hilfsmittel, um dem Konstrukteur schon frühzeitig die Auswirkungen von Konstruktionsentscheidungen auf die Kosten des Produkts zur Verfügung zu stellen, damit er möglichst rasch optimale Entscheidungen treffen kann (siehe dazu auch Kapitel 6.2.1, Seite 148). Damit wird der

zeitaufwendige Standard-Workflow, der über eine separate Kostenanaly-
se und Vorkalkulation führt, reduziert und damit wesentlich beschleunigt
(siehe Bild 7.1).

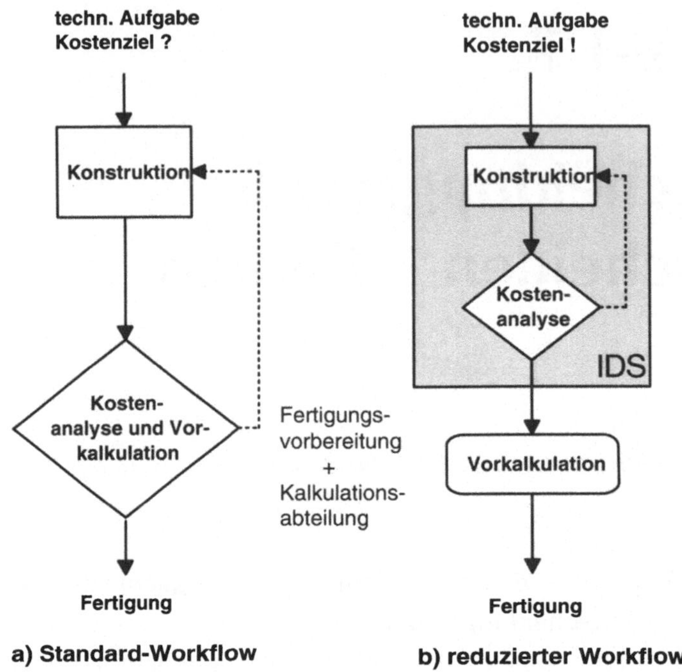

Bild 7.1: Standardworkflow und reduzierter Workflow mit IDS

Für die Ermittlung der Kosten durch den Konstrukteur können - in
Abhängigkeit von der Art der typischen Konstruktionstätigkeit - zwei
unterschiedliche Strategien angewandt werden:

In Bereichen mit *hoher Varianthäufigkeit wird über eine Ähnlich-
keitssuche nach verwandten, bereits durchgeführten Konstruktionen ge-
sucht werden. Eine typische Arbeitssitzung mit einem solchen System
kann folgendermaßen aussehen: Der Benutzer spezifiziert seinen Kon-
struktionswunsch. Das System sucht in der Datenbank nach ähnlichen
Teilen und bietet ihm diese an. Sind keine ähnlichen Teile vorhanden,
so muss der Konstrukteur das Teil neu konstruieren oder eventuell eine Variantenkonstruktion durchführen. Sind ähnliche Teile vorhanden,
so kann der Konstrukteur entweder diese Teile sofort verwenden oder*

diese Teile etwas abwandeln (Änderungskonstruktion). Auf jeden Fall wird eine Konstruktion in der Datenbank abgespeichert, um für spätere Ähnlichteilsuchverfahren zur Verfügung zu stehen. Ist die eingegebene Konstruktion bereits vorhanden, so können alle Parameter inklusive Kosten abgefragt werden. Ist der Teil nicht vorhanden, aber zu einer Klasse gehörig (Variante), die im System vorhanden ist, so können die Kosten dieses neuen Teiles abgeschätzt werden.

In Bereichen mit einem hohen Anteil von Neukonstruktionen bietet sich die Darstellung von Konstruktionen durch Fertigungsfeatures an. Hierbei wird die Konstruktion am CAD System aus der Sicht der Fertigung betrachtet, d.h. Konstruktionsmerkmale durch Fertigungsschritte abgebildet (so wird z.B.: eine Bohrung als „Bohrung" und nicht als „Subtraktion eines Zylinders" dargestellt). Über Bearbeitungszeitformeln werden danach aus den Featureparametern, den Material-, sowie den Werkzeugdaten die jeweiligen Bearbeitungszeiten bestimmt. In einem weiteren Schritt wird geprüft welche Maschinen zum Einsatz kommen können, um einen provisorischen Arbeitsplan zu erstellen und die jeweiligen Rüstzeiten zu bestimmen. Nach diesem Schritt können die Kosten über Kostensätze der Maschinen ermittelt werden. Der Konstrukteur erhält durch diese Vorgehensweise einen Überblick über die Kostenentstehung in Abhängigkeit von den jeweiligen Konstruktionsmerkmalen.

7.1.2 Beispiel: DEXPERT - Expertensysteme im CAD-Bereich

DEXPERT besteht aus der Kopplung des marktüblichen CAD-Systems AutoCAD mit der Expertensystem-Shell CLIPS (C Language Integrated Production System) und der Implementierung eines problemneutralen Frameworks, das die hierarchische Abbildung von komplexen Konstruktionsprozessen in übersichtlicher Weise ermöglicht (Bild 7.2). Dazu wurde ein neuartiges CAD-Expertensystem-Schnittstellenkonzept, das auf verteilter Datenhaltung basiert, entwickelt. Alle für das CAD-System relevanten Informationen, wie beispielsweise räumliche Strukturen und Abmessungen, werden im CAD verwaltet. Abstraktes Konstruktionswissen, wie beispielsweise der Konstruktionsplan wird hingegen im Expertensystem abgelegt. Dieses bidirektionale Schnittstellenkonzept ermöglicht einen beliebigen Datenaustausch zwischen CLIPS und AutoCAD.

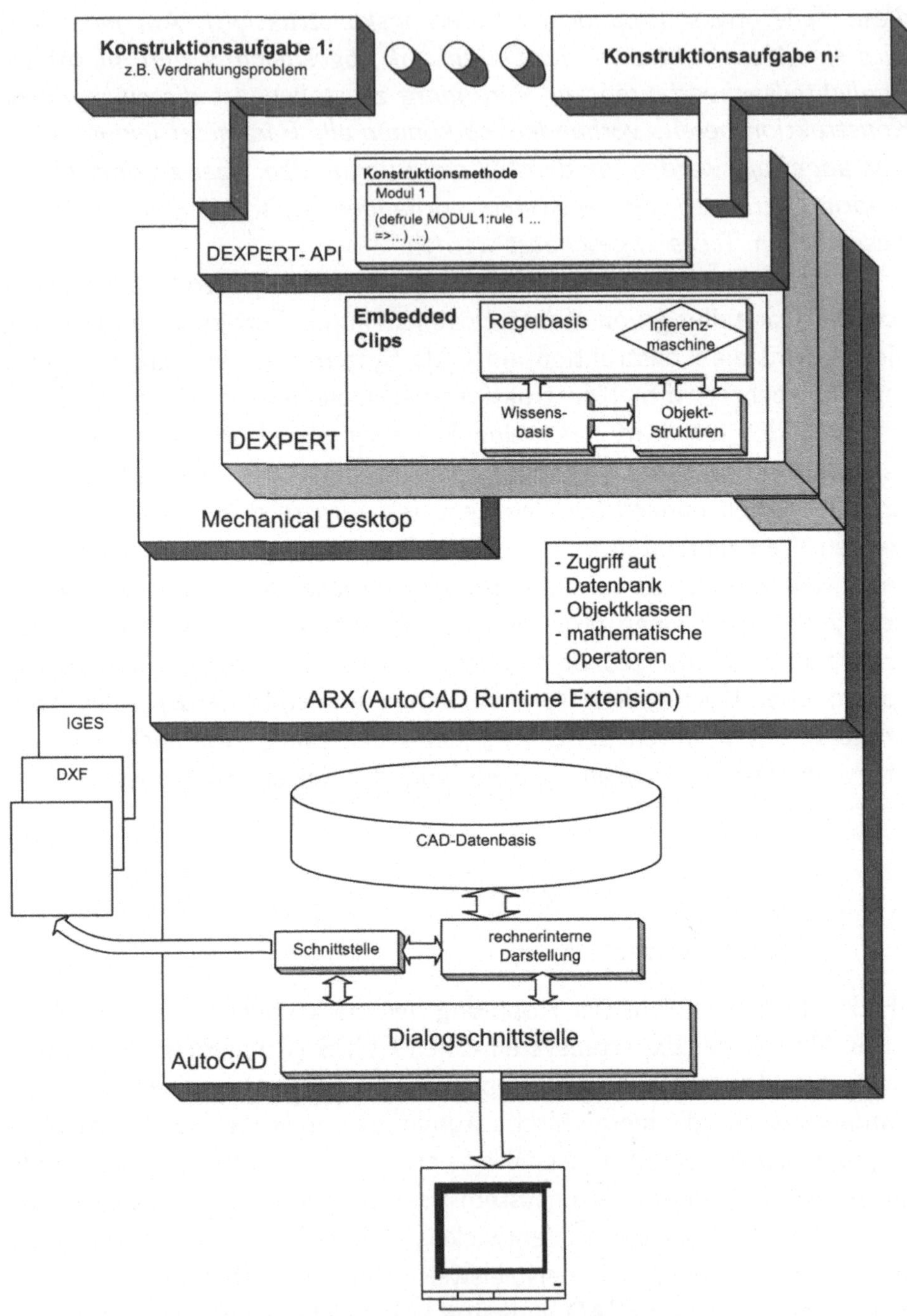

Bild 7.2: Systemarchitektur DEXPERT

DEXPERT ist ein Framework bestehend aus einer Entwicklungsumgebung und einem hierarchischem Vorgehensmodell, das auf einer schrittweisen Bearbeitung des produktdarstellenden Modells mit problemorientierten Konstruktionsmethoden und heuristischer Methodenauswahl basiert. DEXPERT hilft mit der bereitgestellten Funktionalität dem Konstrukteur bei der Automation von Konstruktionsaufgaben, bei denen strukturell sehr unterschiedliche Rahmenbedingungen, wie z.B. elektrische Kurzschlussfestigkeit und mechanische Stabilität, berücksichtigt werden müssen.

Die Umsetzung dieser konkreten Aufgabe erfolgte in DEXPERT basierend auf den Prinzipien „Anpassungskonstruktion" und Variantenkonstruktion.

In DEXPERT wurde ein Datenmodell geschaffen, das Mechanismen zur Verfügung stellt, die es erlauben, Objekte kontinuierlich zu reproduzieren und von Reproduktion zu Reproduktion weiter zu entwickeln. Das ermöglicht eine kontinuierliche „Evolution" von Konstruktionsteilen. Im Rahmen dieser Arbeit wurden neue, problemneutrale Objektklassen entwickelt und implementiert, die dieses Konzept unterstützen.

Für die Konstruktionsaufgaben der Gestaltungs- und Ausarbeitungsphase wurde eine Konstruktionsmethode (aufbauend auf einem hierarchischen Vorgehensmodell) in DEXPERT integriert, die als Design-Shell zur Lösung von Konstruktionsaufgaben herangezogen werden kann. Dafür wurde ein Konzept erarbeitet und implementiert, das auf einer schrittweisen Bearbeitung des produktdarstellenden Modells mit problemorientierten Konstruktionsmethoden und heuristischer Methodenauswahl basiert und dessen Anwendung auf konkrete Aufgaben DEXPERT entsprechend unterstützt. Dafür wurde ein neuer Ansatz, der einen Konstruktionsschritt als elementaren Teil der Gesamtkonstruktion vorsieht, eingeführt. Mehrere solcher logisch zusammengehörenden und sequentiell nacheinander ausgeführten Konstruktionsschritte werden in DEXPERT durch ein sogenanntes „Design-Script" abgebildet. Auf dieser Ebene bietet das System darüber hinaus eine Unterstützung für die detaillierte Ausarbeitung der Konstruktionsschritte, für die in DEXPERT acht Arbeitsphasen vorgesehen sind. Aus der Sicht der Konstruktionsmethodik sieht DEXPERT für die Unterstützung des Gestaltungsprozesses eine Kombination aus fest vorgegebener Grobsteuerung des Systemablaufes auf Modulebene (Teilproblemebene) und heuristischer Lösungsfindung innerhalb eines Konstruktionsschrittes vor. Durch dieses neuartige Konzept kann auch bei komplexen Konstruktionsaufgaben, die eine große Wissensbasis erfordern, ein günstiges Antwortverhalten sowie Wartbarkeit bzw. Erweiterbarkeit der gesamten Wissensbasis sichergestellt werden.

Bild 7.3: Großtransformator

Die praktische Umsetzung des neuartigen Konstruktionssystems wurde anhand eines Beispiels aus dem „Elektromaschinenbau" demonstriert. Dabei wird die Verdrahtungskonstruktion der Oberspannungsseite eines Großtransformators (Bild 7.3) mit Hilfe von DEXPERT automatisiert. Die spezielle Herausforderung bei dieser Beispielanwendung ist die Berücksichtigung der strukturell sehr unterschiedlichen Randbedingungen, wie „elektrische Kurzschlussfestigkeit", „mechanische Stabilität" und „verfügbarer Raum" (Platzbedarf).

Die Beispielanwendung zeigt, dass die Verwendung von DEXPERT eine wichtige Unterstützung bei der Automatisierung komplexer Konstruktionsaufgaben darstellt. Die Ergebnisse der Arbeit liefern einen wichtigen Beitrag zur toolgestützten Umsetzung von Wissensverarbeitung im Konstruktionsbereich. Einschränkend kann man mit DEXPERT auch nur Programmsysteme realisieren, die die Grenzen Ihrer Möglichkeiten nicht durch kreative Transferleistungen erweitern können. Die Leistungsfähigkeit einer mit DEXPERT automatisierten Konstruktionsaufgabe ist durch die enthaltenen Wissensinhalte vorgegeben und damit begrenzt. Die Vorteile gegenüber einem konventionell erstellten Programm liegen aber in den besseren Möglichkeiten, qualifiziertes Fachwissen transparent und flexibel erweiterbar in einem Programm abzubilden.

7.2 Entscheidungstools für die Unternehmensplanung

These 60 *Um in einem immer turbulenter werdenden Markt bestehen und wachsen zu können, muss ein Unternehmen nicht nur flexibel auf die veränderliche Nachfrage reagieren können, sondern muss auch in der Lage sein, die Kosten, die ihm für mögliche Handlungsalternativen entstehen, möglichst rasch quantifizieren zu können.*

Diese These 60 führt direkt zur Prozesskostenrechnung und der Simulation von Geschäftsprozessen. Diese Simulationen dienen nicht nur der Optimierung von Zeiten, sondern vor allem der Reduzierung der Kosten.

Activity Based Costing

Die Prozesskostenrechnung (engl. Activity Based Costing) ist ein Instrument, das Mitte der 80er Jahre in den USA entwickelt wurde, um eine erhöhte Kostentransparenz und damit eine genauere Kalkulationsgrundlage zur Angebots- und Preisermittlung zu erhalten. Der wesentliche Unterschied der Prozesskostenrechnung zu klassischen Kostenrechnungsmethoden ist, dass die Gemeinkosten nicht durch Zuschlagssätze den Kostenträgern angelastet werden. Vielmehr geht die Prozesskostenrechnung davon aus, dass in jedem Unternehmen Prozesse existieren, die zur Herstellung eines Produkts in gewissem Umfang in Anspruch genommen werden. Für jeden Prozess und jedes Produkt werden die anteiligen Gemeinkosten ermittelt, um so zu einer realistischen Preisbildung zu kommen. Die Gemeinkosten werden also nicht mehr den

Kostenträgern zugerechnet, sondern verursachungsgerecht auf Teilprozesse verteilt. Die meisten Kostenrechnungsmethoden gehen davon aus, dass Produkte Kosten „verbrauchen". Die Prozesskostenrechnung betrachtet die Ermittlung der Kosten etwas anders, nämlich: die Produkte „verbrauchen" Prozesse (Materialbestellung, Fertigung, Montage, Versand...) und die Prozesse „verbrauchen" Kosten. Prozessorientierte Kostensysteme liefern daher Antworten auf folgende Fragen:

- Welche Aktivitäten werden von den Ressourcen des Unternehmens ausgeführt?

- Wie viel kostet die Durchführung der Aktivitäten und Prozesse des Unternehmens?

- Weshalb muss das Unternehmen Aktivitäten und Prozesse überhaupt durchführen?

- Wie viel an einzelnen Aktivitäten ist in die Produkte, Dienstleistungen und Kunden des Unternehmens zu investieren?

Die wichtigsten Zielsetzungen der Prozesskostenrechnung sind:

- Erhöhung der Kostentransparenz in den indirekten Bereichen

- Aufzeigen von Potentialen zur rationelleren Nutzung vorhandener Ressourcen mittels einer verbesserten Gemeinkostenplanung und -kontrolle

- Ermöglichung einer verursachungsgerechteren Verrechnung von (Dienst-) Leistungen im Rahmen der Produktkalkulation und Vermeidung von strategischen Fehlentscheidungen

- Aufzeigen der Kapazitätsauslastung

Wie bereits angeführt, ist es ein erheblicher Vorteil, wenn in einem Simulationsmodell die entstehenden Kosten mitmodelliert werden, da dadurch eine sofortige Quantifizierung von Prozessalternativen möglich wird. Die Prozesskostenrechnung stellt eine geeignete Methode zur Bewertung der Prozesskosten dar.

Typischerweise werden bei der Modellierung zuerst die Prozesse definiert und anschließend den einzelnen Prozessschritten Kostenfunktionen zugeordnet. Viele Simulationswerkzeuge bieten dem Anwender die

Möglichkeit, den einzelnen Prozessschritten Kosten pro Zeiteinheit oder pro Ausführung eines Prozessschrittes zuzuordnen. Jedoch gibt es nur wenige Tools, bei denen die Kosten der einzelnen Prozessschritte über mathematische Funktionen, abhängig von beliebigen Modellattributen, festgelegt werden können.

Automatisierte Kostenanalysen ermöglichen nach einer erfolgten Simulation eine Aufstellung von Informationen über die entstandenen Kosten wie z.B. Fixkosten, leistungsmengeninduzierte und leistungsmengenneutrale Kosten, Gesamtkosten oder Prozesskostensätze. Häufig bieten die Simulationswerkzeuge auch eine tabellarische oder graphische Ausgabe der Simulationsergebnisse an.

7.2.1 Beispiel: Optimaler Betriebspunkt

In Kooperation mit einem produzierenden Unternehmen der Automobilbranche wurde ein Simulationsmodell für ein gesamtes Werk erstellt. Ziel des Projektes war es, die betriebswirtschaftlichen Zusammenhänge des Werkes unter Berücksichtigung der Sekundärbereiche zu modellieren, um eine schnelle Kostenbewertung unterschiedlicher Szenarien durchführen zu können. Dabei war vor allem die Erfassung des Zusammenspiels der einzelnen Bereiche des Werks und des daraus resultierenden Gesamtverhaltens eine wichtige Zielsetzung.

Experimente mit dem Simulationsmodell liefern wichtige Aussagen über den Zusammenhang zwischen Werkskosten und produzierter Stückzahl. Der *Optimale Betriebspunkt* ist dabei jener Produktionspunkt (Einheiten/Arbeitstag), an dem die Werkskosten (Kosten/Stück) ihren niedrigsten Wert erreichen. Der *Optimale Betriebsbereich* umfasst alle Produktionspunkte, an denen die Werkskosten den niedrigsten Kostenwert um maximal $x\%$ überschreiten (Bild 7.4). Ein wichtiges Ergebnis des Projektes ist neben der Ermittlung des optimalen Betriebspunktes die Bestimmung der wesentlichen Kostensprünge (merkliche Kostensteigerung bei geringer Erhöhung des Jahresvolumens), die sich z.B. aufgrund von Investitionen oder Schichtsprüngen ergeben.

Neben der Ermittlung des optimalen Betriebspunktes liefert das betriebswirtschaftliche Modell eine einheitliche Wissensbasis für das gesamte Unternehmen und dient als Entscheidungsunterstützung für viele weitere Fragestellungen:

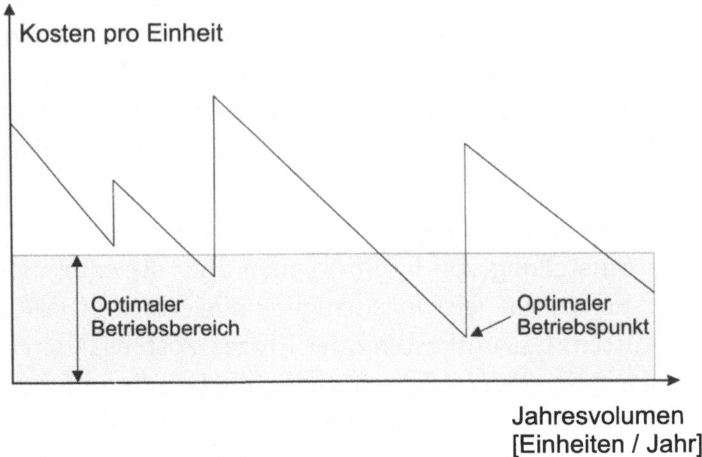

Bild 7.4: Optimaler Betriebspunkt, optimaler Betriebsbereich

- Wie sieht die kostenoptimale Struktur des Werkes aus (Anzahl von Fertigungs- und Montagelinien, Lager, Personalbedarf, etc.)?

- Wie wirken sich unterschiedliche Schichtmodelle der einzelnen Linien auf die Gesamtkosten aus?

- Welche Flächenbedarfe ergeben sich bei unterschiedlichen Werksstrukturen?

- „Make or Buy Decisions"

- Quantitativer Vergleich von Zukunftsszenarien

7.3 Entscheidungstools für den Verkauf

These 61 *Durch die steigende Komplexität der Produkte bei immer kürzeren Produktlebenszyklen erhöht sich der Informationsbedarf der Verkaufsmitarbeiter. Dadurch wird im Bereich der Kundenberatung und Projektabwicklung der schnelle Zugriff auf entscheidungsrelevante Informationen und die Automatisierung von Standardabläufen immer wichtiger.*

Grundsätzlich sind für einen Verkaufsmitarbeiter Informationen über

1. Kunden

2. Verfügbarkeit

3. Produkte

notwendig.

ad 1: Gängige im Einsatz befindliche Systeme wie zum Beispiel für „Sales Force Automation" (SFA) und „Customer Relationship Management" (CRM) unterstützen und automatisieren (Workflowmanagement) die Interaktionen mit dem Kunden. Typisch sind Informationen über: Kundenbesuche, Beschwerden, Ansprechpartner, gekaufte Produkte und vorhandene Systeme. Typische Workflows sind: geplante Anrufe, Aufgaben, Bestellvorgänge und laufende Projekte.

ad 2: Durch die zunehmende Individualisierung bei komplexen Produkten ist eine Produktion „auf Lager" nicht möglich. Der Verkäufer muss daher die Verfügbarkeit eines Produktes (und gewünschte Produktkomponenten) möglichst einfach ermitteln können.

ad 3: Produktinformationen beziehen sich sowohl auf die technische Spezifikation als auch auf Anwendungsbereiche (z.B.: in Form von Beispielapplikationen). Sie können im einfachsten Fall als (elektronischer) Katalog vorliegen. Zur automatischen Unterstützung können bei explizit formalisierbaren Regeln Konfiguratorn eingesetzt werden. Können solche expliziten Regeln nicht, oder nur mit einem unvertretbar hohen Aufwand, gefunden werden, dann muss man das Wissen in einer offeneren Form (siehe Kapitel 7.3.1) abbilden.

7.3.1 Beispiel: Projekt KnowingPlant - Unterstützung im Anlagengrobentwurf

Um der steigenden Konkurrenz und Komplexität im Komponentenvertrieb eines Herstellers von Automatisierungskomponenten zu begegnen, wurde ein Informationssystem zur Darstellung von Systemwissen für den Vertrieb entwickelt.

Dieses System mit der Bezeichnung „Knowingplant" wurde konzipiert für die strukturierte Wissenshinterlegung, die sowohl Kunden, Vertriebsleute, als auch Techniker bei ihrer Arbeit unterstützt. Das Tool hilft dem Anwender vollständige, strukturierte Anlagengrobentwürfe zu erstellen.

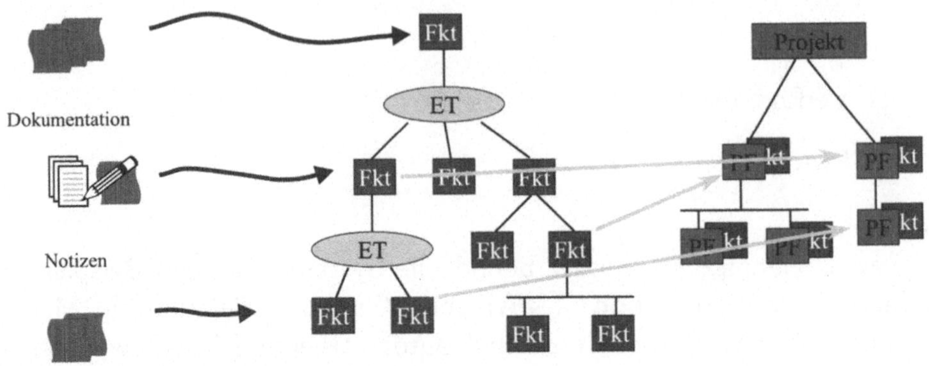

Bild 7.5: Strukturierte Wissenshinterlegung in Knowingplant

Hierfür werden allgemein formulierte Automatisierungsaufgaben in
einem hierarchischen Netz von Funktionen (Fkt) dargestellt (siehe Abbildung 7.5), wobei einer Funktion eine beliebige Anzahl von Unterfunk-
tionen zugeordnet werden kann, die die ursprüngliche Funktion näher
detaillieren bzw. in Teilprobleme splitten. Dem Anwender wird dadurch
eine sukzessive Zerlegung und Verfeinerung einer Automatisierungsauf-
gabe ermöglicht. Projekte können in Knowingplant durch Übernahme
solcher Funktionen in einem Projektbaum aufgebaut werden, wobei die
ursprüngliche Strukturierung erhalten bleibt. Zu in Projekte übernom-
menen Funktionen können Parameterwerte zugeordnet werden.

Bei einem Anlagenentwurf kann dadurch auf bereits hinterlegtes, allgemein strukturiertes Wissen zurückgegriffen werden und der Anwender
wird bei der schrittweisen Verfeinerung und Detaillierung des Problems
geführt. Der Anwender kann Problembereiche entweder in Teilprobleme
zerlegen oder durch eine Alternativentscheidung problemspezifisch ver-
feinern. Diese Entscheidungen können anhand der Parameterwerte durch
Entscheidungstabellen oder durch eine Suche nach ähnlichen Entschei-
dungssituationen in früheren Projekten unterstützt werden.

Benutzerspezifische Notizen erleichtern den Umgang mit dem System sowie die interne problembezogene Kommunikation zwischen Bera-
tern. Dokumentationen zu Funktionen ermöglichen einen ausführlichen
Informationstransfer.

Da wissensbasierte Systeme im Bereich der Automatisierungstechnik einem starken Wandel unterliegen, muss besonderes Augenmerk auf
die Datenpflege gelegt werden. Neue Wissensgebiete müssen ohne Pro-

grammieraufwand schnell übernommen werden können, da meist bei den beteiligten Personen (Vertrieb, Konstruktion) die Akzeptanz für aufwendige Dateneingaben gering ist und die dadurch verursachten Kosten zu hoch sind. Knowingplant wurde daher so konzipiert, dass neue Problembereiche unmittelbar in das System eingegeben werden können, wodurch eine kontinuierliche Erweiterung der Datenbasis ermöglicht wird (siehe Abbildung 7.6).

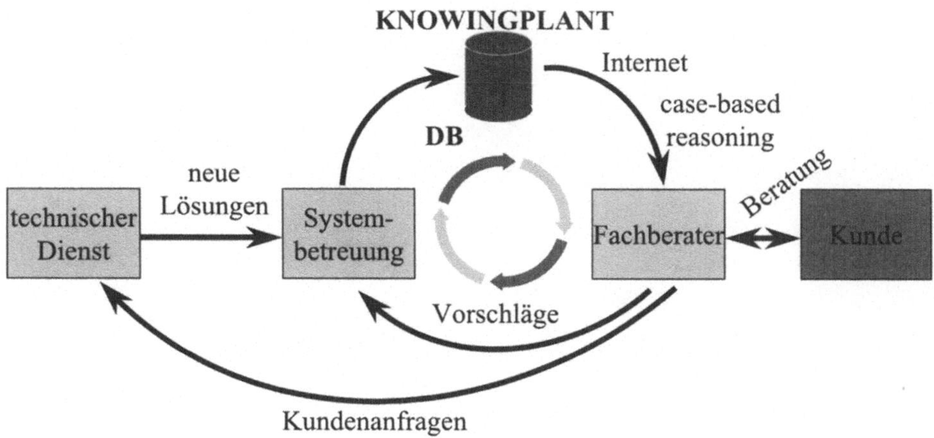

Bild 7.6: Integrativer Wissenserwerb mit Knowingplant

Kapitel 8

Basisliteratur

Kapitel 1 und 2

Herman Simon. „Hidden Champions". Campus, 1996

Tom Cannon. „Welcome to the Revolution". Metropolitan, 1997

Bill Gates. „Business @ the speed of thought". Warner Books, 1999

Michael Hammer und James Champy. „Business Reengineering". Campus, 1994

August Wilhelm Scheer. „CIM, Der computergesteuerte Industriebetrieb". Springer, 1987

Kurt Stoll. „Denken in Systemen". Festo, 1991

Kapitel 3

Martin Polke. „Prozessleittechnik". Oldenburg, 1996

Rudolf Lauber, Peter Göhner. „Prozessautomatisierung". Springer, 1999

Reinhard Haberfellner, Peter Nagel, Mario Becker. „Systems Engineering, Industrielle Organisation". 1997

J. Kosturiak, M. Gregor. „Simulation von Produktionssystemen". Springer, 1995

Kapitel 4

H.-R. Tränkler. „Sensortechnik". Springer, 1998

H.-J. Gevatter. „Handbuch der Meß- und Automatisierungstechnik". Springer, 1999

Kapitel 5

Hartmunt Janocha. „Aktoren". Springer, 1992

Rolf Isermann. „Mechatronische Systeme". Springer, 1999

Johannes Volmer. „Industrieroboter". Technik, 1992

Kapitel 6

Helmut Balzert. „Software-Entwicklung". Spektrum, 1996

Helmut Balzert. „Software-Management, Software-Qualitätssicherung, Unternehmensmodellierung". Spektrum, 1998

Timm Gudehus. „Logistik". Springer, 1999

Günter Spur, Frank-Lothar Krause. „Das virtuelle Produkt". Hanser, 1997

Kapitel 7

Armin Müller. „Gemeinkosten-Management". Gabler, 1992

Robert S. Kaplan, Robin Cooper. „Prozesskostenrechnung als Managementinstrument". Campus Verlag, 1999

Kapitel 9

Schlusswort und Sparringpartner

Die industrielle Automatisierung entspricht einem Grundbedürfnis der Gesellschaft nach Humanisierung der Arbeitswelt und nach Zuverlässigkeit. Zwar sind auch Automaten nicht fehlerfrei, aber sie erlauben im allgemeinen eine schrittweise Annäherung an den fehlerfreien Zustand. Derartige Qualitäten sind in dem rasanten Fortschritt von Technik, Wirtschaft und sozialer Gemeinschaft jetzt und in Zukunft unverzichtbar.

Nach der industriellen Revolution durch automatische Maschinen und Verfahren, die hauptsächlich die händischen Operationen humanisierten, erleben wir derzeit die Revolution durch die Informationstechnik. Natürlich sind damit auch unerwünschte Nebenwirkungen für die Arbeitswelt verbunden. Die vorteilhaften Wirkungen sind aber beeindruckend. Wir verstehen das Funktionieren der zwischenmenschlichen Kommunikation in- und außerhalb der Betriebe besser und vermeiden dadurch gewaltige Reibungsverluste. Wir bauen die Mauern zwischen Natur-, Ingenieurs- und Wirtschaftswissenschaften ab. Wir bieten methodische Lösungskompetenz für viele Tages- und Zukunftsprobleme. Wir verbinden unterschiedliche Kulturen.

Arbeiten an diesem Buch wurden nicht nur durch theoretische Studien, sondern durch viele kreative Projektarbeiten mit und in der Industrie befruchtet. Diese Industrieprojekte waren und sind stets dem industriellen und menschlichen Fortschritt gewidmet. Es gibt keinen Unterschied mehr zwischen Kapital und Sozialem. Es gibt nur mehr das

Interesse am gemeinsamen Fortschritt beider, früher so gegensätzlichen, Arbeitsparadigmen. Konkret stützen wir unsere Thesen auf über 150 Industrieprojekte am INFA und 480 Innovationsprojekte bei PROFAC-TOR. Beide Institutionen werden durch die Vereinigung Österreichischer Industrieller materiell, aber vor allem geistig, außergewöhnlich stark unterstützt. Auf den folgenden Seiten geben wir eine Kurzbeschreibung dieser drei Institutionen, um unseren Lesern den Hintergrund unserer in diesem Buch dokumentierten Thesen zu erläutern.

Dabei wollen wir aber nicht verabsäumen festzustellen, dass wir neben den genannten drei Institutionen auch mit vielen anderen namhaften Automatisierungsdenkern stets konstruktiven und freundschaftlichen Erfahrungsaustausch pflegen. Alle unsere Partner sind geistige Mitträger der Philosophie dieses Buches. Diese Partnerschaft war und ist eine Schlüsseltechnologie für unsere Verantwortung zur Wissensmehrung und Ausbildung des industriellen Nachwuchses.

Die Industriellenvereinigung (IV) - www.iv.at

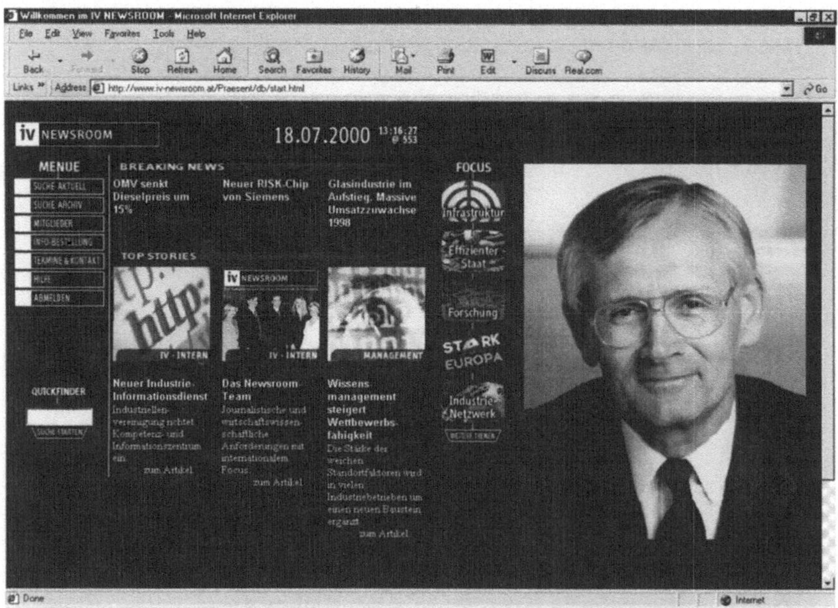

Die Industriellenvereinigung ist die Vertretung von über 2000 österreichischen Industriebetrieben mit mehr als 500 000 Mitarbeitern auf freiwilliger Basis.

Die zentralen Ziele der Industriellenvereinigung sind: Die Interessen der Mitglieder zu vertreten, die Attraktivität des Industriestandortes Österreich auszubauen, den Bestand und die Entscheidungsfreiheit des Unternehmertums zu sichern und den europäischen Gedanken zu vertreten.

Die Industriellenvereinigung bietet ihren Mitgliedern eine Fülle von kostenlosen Informationen und Beratungen zu industriell relevanten Fachthemen wie Arbeitsrecht, Finanz- und Steuerfragen, Förderprogramme etc.

Von der Industriellenvereinigung wird die Aus- und Weiterbildung der Human Resources an Fachhochschulen und Universitäten nicht nur mit Argumenten, sondern auch mit attraktiven Projekten auf hohem Niveau gefördert. Die Stärkung industrieller Forschung, Entwicklung und internationalen Bildungsprogrammen sind ein großes Anliegen der IV.

Institut für Flexible Automation (INFA)

www.infa.tuwien.ac.at

Das INFA der Fakultät Elektrotechnik und Informationstechnik an der Technischen Universität Wien arbeitet an der ganzheitlichen Automatisierung von Produktionsprozessen mit neuen Engineering- und Managementmethoden. Die Arbeitsgebiete sind: ROBOTERTECHNIK, BILDVERARBEITUNG, MONTAGEAUTOMATISIERUNG und INTELLIGENTE KONSTRUKTION.

Das INFA vermittelt seinen Studenten die Zusammenhänge zwischen Theorie, Praxis und Leadership. Lehr- und Forschungsarbeiten erfolgen in Projekten, die in multidisziplinären Teams die Disziplinen Elektronik, Mechanik, Informationstechnik und Wirtschaft sowie namhafte Industrieforscher zusammenführen. Als Lehrer sind am INFA tätig: Ingenieure von AVL, BMW, DaimlerChrysler, Festo, Frequentis, Hilti, Honeywell, Profactor, Rockwell, Siemens, sowie Professoren der Universitäten in Columbia, Linz, Stuttgart, Tokyo. Das INFA ist Projektträger zweier EU-Forschungsprojekte über mobile Roboter und Extended Enterprise. Das INFA ist Mitglied der europäischen Expertengruppe für globale Forschungen: „Intelligent Manufacturing Systems".

PROFACTOR Research - www.profactor.at

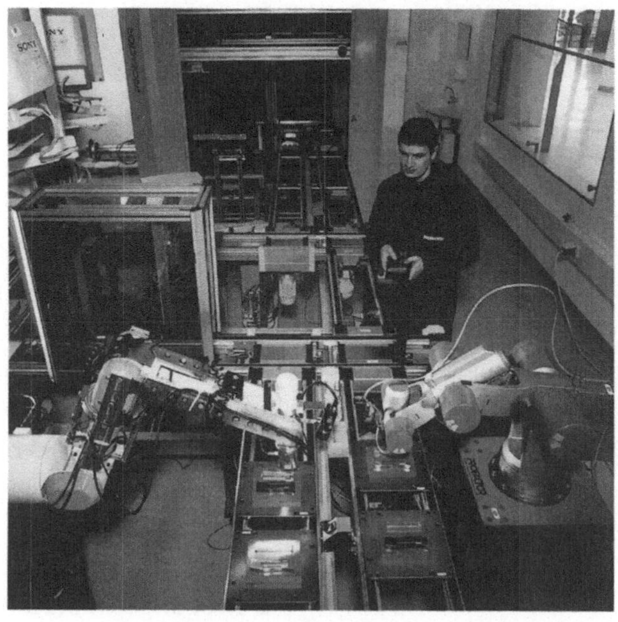

PROFACTOR ist ein neues Kompetenzzentrum für Grundlagen- und angewandte Forschung sowie Technologietransfer in mehreren Gebieten der industriellen Automation. Das besondere Merkmal der Forschungsarbeit ist die multidisziplinäre Zusammenarbeit von Mathematik, Physik, Elektrotechnik und Informationstechnik und Wirtschaftswissenschaften.

Im derzeit 50köpfigen Forscherteam arbeiten erfahrene Physik- und Roboterpreisträger und junge Nachwuchsakademiker an neuen Produkt- und Prozessideen für über 70 Industriebetriebe. Besonders bemerkenswert sind originäre Beiträge zu Holistic Engineering mit neuer Informationstechnologie und Quality Controlled Production mit digitaler Bildverarbeitung. Die Zielgruppen sind dabei nicht nur klassische Industrien, sondern auch neue Branchen der Kommunikationstechnik und Dienstleistungsbetriebe. PROFACTOR hat in der Zeit 1997 bis 1999 über 200 Forschungsprojekte mit der Industrie durchgeführt und wird dabei von der EU und nationalen Förderstellen großzügig unterstützt.

Für spezielle Problemlösungen steht ein dichtes Netzwerk nationaler und internationaler Partnerschaften zur Verfügung.

Index

Namensverzeichnis

SpringerTechnikLehrbücher

Johann Blieberger, Johann
Klasek, Alexander Redlein,
Gerhard-Helge Schildt

Informatik

Dritte, erw. Aufl.
1996. XI, 418 Seiten. 183 Abb.
Broschiert DM 60,–, öS 420,–
ISBN 3-211-82860-5
Springers Lehrbücher der Informatik

Gerhard Fasching

Werkstoffe für
die Elektrotechnik

Mikrophysik, Struktur, Eigenschaften

Dritte, verb. und erw. Aufl.
1994. XXI, 678 Seiten. 398 Abb.
Gebunden DM 140,–, öS 980,–
ISBN 3-211-82610-6

Udo Gamer, Werner Mack

Mechanik

Ein einführendes Lehrbuch für
Studierende der Technischen
Wissenschaften

1999. IX, 231 Seiten. 232 Abb.
Broschiert DM 39,–, öS 275,–
ISBN 3-211-82854-0

Ján Kosturiak, Milan Gregor

Simulation von
Produktionssystemen

1995. X, 190 Seiten. 110 Abb.
Broschiert DM 49,–, öS 340,–
ISBN 3-211-82701-3

Herbert Mang,
Günter Hofstetter

Festigkeitslehre

2000. Etwa 480 Seiten.
Gebunden DM 95,–, öS 665,–
ISBN 3-211-83419-2

Adalbert Prechtl

Vorlesungen über die
Grundlagen der Elektrotechnik

Band 1: Mit 265 Wiederholungsfragen,
225 Aufgaben und Lösungen

1994. XI, 433 Seiten. 336 Abb.
Gebunden DM 79,–, öS 560,–
ISBN 3-211-82553-3

Band 2: Mit 315 Wiederholungsfragen,
265 Aufgaben und Lösungen

1995. XI, 494 Seiten. 397 Abb.
Gebunden DM 89,–, öS 620,–
ISBN 3-211-82685-8

 **SpringerWienNewYork**

A-1201 Wien, Sachsenplatz 4–6, P.O.Box 89, Fax +43.1.330 24 26, e-mail: books@springer.at, Internet: **www.springer.at**
D-69126 Heidelberg, Haberstraße 7, Fax +49.6221.345-229, e-mail: orders@springer.de
USA, Secaucus, NJ 07096-2485, P.O. Box 2485, Fax +1.201.348-4505, e-mail: orders@springer-ny.com
Eastern Book Service, Japan, Tokyo 113, 3–13, Hongo 3-chome, Bunkyo-ku, Fax +81.3.38 18 08 64, e-mail: orders@svt-ebs.co.jp